圏論による論理学

高階論理とトポス

清水義夫

東京大学出版会

Logic via Category Theory:
Higher Order Logic and Topos
SHIMIZU Yoshio
University of Tokyo Press, 2007
ISBN 978-4-13-012057-9

はじめに

20世紀の前半では，数学はそのどの分野についても，最終的には集合論にもとづいている，という見方が常識となっており，集合概念の基本性が関心の的でもあった．恐らくこれは，いわゆる公理的集合論が1920年代，1930年代に次々と登場し，集合論も大変充実した内容をもつに至ったことが，その背景にあるのかもしれない．

しかし20世紀も中頃になると，集合概念に代って関数概念を基本的なものとして，ものごとを捉え表現していこうとする考え方が，数学の一部に現われてくる．マックレーン（S. Mac Lane）などによるいわゆる圏論の登場である．

実際，数学上の諸現象をはじめ，他の現象についても，それらの内に見出せる作用連関（i.e. 作用機序）に注目し，それを関数（i.e. 作用）概念を中心にして表現していくことは，諸現象の捉え方，表現の仕方として，諸現象に対して直接的であり，またごく自然でもあるといえる．この点，集合概念を基本とする捉え方が，どうしても空間的となり，静的で間接的な印象を伴ってしまうことと対照的である．

このような事情もあって20世紀後半になると，自然さと一般性を備えたこの圏論的な見方は，数学の一部ではもとよりのこと，種々の領域に本格的に浸透していくことになる．たとえば数学におけるホモロジー代数などでは，すでに圏論は必要不可欠のものとなっており，また計算機科学におけるプログラミング言語論でも，関数的，圏論的な見方が積極的に採用されるようになってくる．さらにまた，それまで集合論的な見方を基盤にしていた数学基礎論や記号論理においても，1960年代に入ると，それらの領域で問題となっていた種々の事柄と圏論との関係を鮮明にしたローヴェアー（F.W. Lawvere）のパイオニア的な仕事が現われ，それを皮切りにそれ以後種々の圏論的な議論が活発となってくる．

さてそれでは21世紀に入った今日，関数（i.e. 作用）概念を基本とする圏論的な見方は，どのようになっているであろうか．上に簡単に触れた20世紀後半での展開からいっても，またそれが備えもつ自然さと一般性からいっても，その見方は当然研究者をはじめ多くの人々に浸透し，常識となってきていることが予想される．しかし現状は，この予想される事態とは全く裏腹に，圏論的な見方が，研究者をはじめ多くの人々に常識となってきているとはとてもいい難い．とくに記号論理の世界においては，集合論的な見方では不透明であった事柄が，圏論的な見方を採用するとき，ごく自然に理解できることが多々あるにもかかわらずである．多分それは，圏論に対して一時，アブストラクト・ナンセンスと陰口が囁かれたことがあるように，その抽象性が研究者をはじめ多くの人々に圏論への閾を高くしていることによるのかもしれない．

そこで本書は，この辺の事情も考慮して，その閾を少しでも低くするために，多くの人々にとって比較的近づきやすい題材として，また同時に序で触れるように，知識論的な問題への接近をも可能にする題材として，関数型高階論理と圏の一種であるトポスを取り上げることにした．しかも差し当り不必要と思われる事柄や細部は極力省き，代りに取り上げた事柄についてはその要点を中心に各々丁寧に解説していくことにした．とはいえ，いろいろと不備な点も多々あると思われる．この点は，読者の皆さんからの忌憚のないご批判をいただけたらと願っている．とにかく本書が，多くの人々にとっての関数的，圏論的な見方への関心の糸口となれば，著者にとってこれほど喜ばしいことはない．

目　次

はじめに

序 ……………………………………………………………………1

第1章　関数型高階論理 ……………………………………………9

§1.1　関数型高階論理の考え方 …………………………………10
§1.2　高階論理 λ-h.o.l. のタイプと項 ………………………14
§1.3　高階論理 λ-h.o.l. の公理系 ……………………………22
§1.4　略式モンタギュー文法 — λ-h.o.l. の応用例として— ……33
§1.5[†]　高階論理 λ-h.o.l. の拡張 ……………………………44

第2章　ト　ポ　ス ………………………………………………55

§2.1　圏（その1） ……………………………………………56
§2.2　圏（その2） ……………………………………………65
§2.3　ト　ポ　ス ………………………………………………75
§2.4　高階論理 λ-h.o.l. とトポス ……………………………87
§2.5[†]　自然数対象が存在するトポス ………………………97

第3章　トポスの基本定理 ………………………………………109

§3.1　I 上バンドルの圏 $\mathrm{Bn}(I)$ ……………………………110
§3.2　関　　手 …………………………………………………118
§3.3　トポスの基本定理（その1）……………………………131
§3.4　トポスの基本定理（その2）……………………………139

第4章 プルバック関手 f^* の右-随伴関手 Π_f ……………… 145

§4.1 トポスの基礎的な諸性質 ……………………………… 146
§4.2† パーシャルアロー・クラシファイヤーの存在定理 …… 155
§4.3† Π_f の存在と $f^* \dashv \Pi_f$ ……………………………… 161

第5章 リミット，空間性トポス，限量記号 ……………… 167

§5.1 リミットとコリミット ………………………………… 168
§5.2 空間性トポス $\mathrm{Top}(I)$ ………………………………… 174
§5.3† 限量記号 $\exists, \forall$ について ……………………………… 181

結　　び ……………………………………………………… 193

付録1† $A\wedge(\ ) \dashv A\supset(\ )$ のイメージ的理解 ……………… 201
付録2† 各章の課題 …………………………………………… 204

おわりに ……………………………………………………… 207
主な記号一覧 ………………………………………………… 209
索　　引 ……………………………………………………… 214

※1　定義，証明の各末尾にある印□は，各々の記事の終りを示している．
※2　§番号の右肩，段落小見出しの右肩にある印†は，差し当りそこを省略しても，先を読みつづけることができることを示している．

序

この著書の目的

　この著書は，表現力に優れた関数型高階論理と高い一般性をもつ論理であるトポスについて，それらの基礎的な事柄の要点を，できるだけ平易に解説することを，その目的としている．

　今日，高階論理にせよトポスにせよそれらは，計算機科学におけるプログラミング言語論などとの関係から，しばしば引き合いに出される．またとくにトポスについては，それが数学における層の理論などとも直結していることから，そのような分野にとっては不可欠なものとなっている．しかしいずれの場合も，各々の専門領域にそった仕方ではじめから展開されることが多く，その基礎的な部分に限ってみても，そのような分野に関心をもつ初学者ですら必ずしも近づき易いものとはなっていない．そこでこの著書では，そのような方々を念頭に置きつつ，各々の分野での本格的な学びの前段階となる教養として，関数型高階論理やトポスの基礎的な事柄の要点の解説を試みている．

　しかしこの著書の上に掲げた目的に対する理由は，いま述べたところとは少々異なったところにもある．というのも，高階論理やトポスは，計算機科学や数学での上記した専門領域との関係から切り離してみても，その基礎的な部分については，われわれの知性の性格の一端を理解する上で，多くの人々にとっても大変参考になる内容を含んでいるからである．いいかえれば，

知識論への哲学的な関心をもつ方々にとっても，高階論理やトポスについてその基礎的な事柄を眺めておくことは，大変有意義なことといえる．実際この著書は，その背後にこのような問題意識を強くもっており，したがってこの様な問題意識をもっておられる方々をも念頭に置きつつ，関数型高階論理やトポスの基礎的な事柄の要点の解説を試みている．

　しかしもとより，どのようにこの著書をお読みいただくかは，読者の方々次第であり，ご自由である．いずれにせよこの著書の目的が，あくまでも関数型高階論理とトポスについてその基礎的な事柄の要点を平易に解説することにあることは，再度記しておく．

　なおこの著書の背後にある知識論的な問題意識については，つづく〈普遍論理とは〉，〈普遍論理の候補〉において，予めもう少し立ち入って触れておこう．それゆえその点に特に関心のない方々は，その部分を省略して序の最後である〈この著書の構成〉に目を移し，その上で直ちに本文に入られることも可能である．

普遍論理とは[†]

　この著書ではその背後において，まず次のような知的認識（i.e. 知識）についての見方（i.e. 知識論）を採用する．すなわち，われわれの日常での知的認識（i.e. 日常での知識）および科学での組織づけられた知的認識（i.e. 科学理論としての知識）は，そのいずれにおいても何らかの基底的で普遍的な言語形式を前提としている，あるいはそうした言語形式をそれらが成立するための必要不可欠の条件の一つとしている，という見方である．そして暫時この見方を，仮にカント的構図をもつ知識論と呼ぶことにする．しかしカント的構図といっても，『純粋理性批判』（以下，K.d.r.V. と略記）に登場するアプリオリな純粋悟性概念（i.e. 範疇）をはじめ，そこでの詳細な議論を念頭に置いているわけではない．K.d.r.V. での諸議論は，今日的状況では，とてもそのままでは受け入れられない．ただこの著書の背後での知的認識に対する捉え方の大枠が，K.d.r.V. に多少通ずるところがあることから，大哲カント（I. Kant）を記念して，仮にカント的構図をもつ知識論と呼ぶこと

にしたに過ぎない．

　ところで次に，この見方を採用した上でさっそく，特に科学での知的認識は，今日的状況において一体どのような言語形式を前提しているか，を問うてみよう．しかしこの設問に対しては，諸科学の現状を観察するとき，そこにおいては三人称の自然言語の断片と種々の数式が使用されていることから，科学での知的認識は，諸分野ごと各々に適した形の数学が，その言語形式の中心となっている，と直ちに答えることができる．実際この点は，数学は科学の言語である，と従来からしばしば語られてきているとおりである．

　しかしさらに少々立ち入って科学の現状を観察するとき，科学の前提となっているこの数学という言語形式には，確かに分野ごとに特殊化された姿をとってはいるが，大きく二つのタイプの言語形式から成立している点を指摘できてくる．一つは，多次元の複素ユークリッド空間などに代表されるように，数構造にもとづく座標空間を設定し，問題とする現象をその空間内の事柄として定式化していくタイプのものである．もう一つは，ブール束などに代表されるように，何らかの順序構造にもとづく区間を設定し，問題とする現象をその区間内の事柄として定式化していくタイプのものである．そこで以下ではひとくちに数学というのではなく，前者の数構造にもとづく座標空間について成立する形式的な諸事項を，仮に「狭義の数理」と呼び，後者の何らかの順序構造にもとづく区間について成立する形式的な諸事項を，仮に「狭義の論理」と呼ぶことにする．

　さてこのような用語を採用すると上の設問に対する解答は，科学での現状観察の結果とその言語である数学での現状観察の結果を合せて，差し当り次のようになる．すなわち科学での知的認識（i.e. 科学理論としての知識）が前提としている言語形式は，狭義の数理と狭義の論理である，と答えられる．

　しかし以上のような設問とその解答は，単に現状観察から考えられていることもあって，カント的構図をもつ知識論の立場からは，余りにも表層的な解答といえる．というのも，カント的構図をもつ知識論が関心をよせる知的認識の前提となる言語形式は，単にそこで使用されている種々の表層的な言語形式ではなく，それをも支えているより深層に潜む基底的で普遍的な言語形式であるからである．それゆえここに改めて，ではこのような基底的で普

遍的な言語形式とはどのようなものと考えられるか，という問が浮上してくる．すなわち，ここで以下このような基底的で普遍的な言語形式を仮に「普遍論理」(universal logic) と呼ぶことにして，狭義の数理と狭義の論理をも支える普遍論理とはどのようなものと考えられるか，という問が改めて浮上してくることになる．

普遍論理の候補[†]

　上に改めて立てた問に対しては，しかしながら数学の基礎についての20世紀前半における種々の考察が，自ずとその解答の一つを用意してくれる．よく知られているように，19世紀末から20世紀にかけて，狭義の数理の根底にある数概念の解明努力の中から集合論が成立してくる．また一方では，同じく19世紀末から20世紀にかけて，狭義の論理の中心となる推論構造の解明努力の中から記号論理が成立してくる．その上でさらに20世紀の20年代，30年代には，その両者が融合した形のZFCやNBGなどのいわゆる公理的集合論が登場してくる．それゆえこの公理的集合論こそ，差し当たり上の設問に対する解答の一つであると考えられてくる．しかしながら，公理的集合論で示される内容と科学の言語形式としての狭義の数理や狭義の論理との繋り具合は，表からは必ずしも見易いとはいえない．しかしより立ち入って仔細にその内容をみてみるとき，狭義の数理も狭義の論理も，集合概念を基本とする公理的集合論によってしっかりと組み立てられることは，よく知られているとおりである．したがって公理的集合論は，科学の知的認識の前提である数学に対して，確かにより基底的で普遍的な言語形式である，と差し当りは考えられる．さらにいいかえれば公理的集合論は，カント的構図をもつ知識論で求められる普遍論理の候補である，ということができる．

　しかしそれではZFCであれNBGであれ，公理的集合論を本当に普遍論理であると結論づけられるであろうか．答は否である．というのは，20世紀後半での情報科学や数学での諸展開の状況を眺めるとき，普遍論理の候補としては，公理的集合論より適切であるといえる言語が見出せるからである．すなわちそれは，新たな言語形式としての関数型高階論理や，圏と呼ばれる

抽象的な言語の一種であるトポスである．実際，関数型高階論理もトポスも，各々十分に装備を整えた場合，各々は先の公理的集合論に相当する内実をもつとともに，さらに公理的集合論とは異なった次のような注目すべき特徴をももっている．それはそのいずれもが，集合概念に代って関数（i.e. 作用）概念を基本とする仕方で全体が組み立てられていることである．そしてそのことによって，関数型高階論理やトポスでは種々の状況においての対応性や変化性が的確に表現できるようになっており，知的認識の前提となる基底的で普遍的な言語形式（i.e. 普遍論理）としては，そのいずれもが公理的集合論よりはより適切な候補であると考えられてくる．

しかしさらに今日的な立場からは，関数型高階論理が本文§2.4で示すようにトポスに写し込めることから，またトポスには「トポスの基本定理」と呼ばれるトポス特有の性格をもつことなどから，両者の中でもとくにトポスなる抽象的な言語形式こそが，より適切な普遍論理の候補であると考えられてくる．とにかくカント的構図をもつ知識論をその背後に前提しているこの著書において，なにゆえに関数型高階論理とトポス，またトポスの基本定理にとくに関心をよせ，その要点の解説を目的にしているかの事情の一つも，以上の点にある．

この著書の構成

第1章では，関数型高階論理の中でも最も簡単な関数型古典高階論理（λ-h.o.l. と略記する）を取り上げる．§1.1では，関数型高階論理の基礎事項となる領域やそのタイプ（i.e. 型）について，およびそれらを表現する記号（i.e. タイプつき項）について，その考え方を解説する．また同じく基礎事項であるλ記号についても解説する．§1.2, §1.3では，§1.1の考え方を具体化したものとして，λ-h.o.l. を紹介する．その上で§1.4では，その応用例として自然言語の断片を形式化する試みであるモンタギュー文法の一端に触れる．そのことによって，λ-h.o.l. の表現力の豊かさを垣間見ることにする．また§1.5では，自然数の世界をも取り扱えるようにするため，λ-h.o.l. の拡張にも注目する．

第2章では，圏と呼ばれる矢（i.e. 射）を中心とする言語の一種であるトポスを取り上げる．§2.1，§2.2では，圏およびそこでの基礎概念を少しずつ解説していく．つづく§2.3では，§2.1，§2.2を踏まえた上でトポスなる言語形式を定義する．そして§2.4において，第1章の λ-h.o.l. がこのトポスにその対応物を見出せることを，すなわち λ-h.o.l. がトポスなる言語形式に写し込めることを明示していく．そのことによって，λ-h.o.l. が抽象的な仕方ではあるがトポスによって解釈できることを確認する．またさらに§2.5では，自然数の集合に対応する自然数対象が存在するトポスにも，少々触れておく．

第3章では，トポス特有の性格である「トポスの基本定理」に注目する．この定理は，〈結び〉でも触れるように，トポスが際立った普遍性をもった言語形式であることを示唆していると理解できる．それゆえ一章を当てて取り上げる．はじめの§3.1では，この定理にイメージ的にも近づき易くするため，I 上バンドルの圏 $\mathrm{Bn}(I)$ なるトポスを一つ紹介する．また「基本定理」では，関手という概念が是非必要となることから，その定義と関手間の随伴関係などを§3.2でみておく．その上で，§3.3，§3.4において，「トポスの基本定理」とその証明を展開する．

第4章では，第3章の「トポスの基本定理」の証明の一部（i.e. §3.4定理1の証明）に一般性を欠いたところがあることから，少々立ち入ってそれを補足することを目ざしている．実際，この部分を一般的な仕方で証明するには，「パーシャルアロー・クラシファイヤーの存在定理」が是非必要となる．そこでまず§4.1では，この定理の前提となるトポスの基礎的な諸性質を確認し，それを踏まえて§4.2でこの定理を導入する．その上で§4.3において，§3.4定理1の一般的な仕方での証明を与える．

第5章では，圏やトポスに関する事柄でさらなる学びのために是非必要となる事項を，三つほど各々独立した形で取り上げる．§5.1では，圏一般に関する事項として，リミットとコリミットの概念，およびそれらと随伴関係との関係について注目してみる．§5.2では，§3.1の $\mathrm{Bn}(I)$ なるトポスに位相性をも加味したトポスである空間性トポス $\mathrm{Top}(I)$ について，その一端に触れてみる．また§5.3では，通常の論理などで必ず登場する限量記号

∀，∃について，圏論の立場から少しばかりその理解を深めてみることにする．

最後の〈結び〉では，普遍論理の候補として，〈序〉においてトポスが有力とされたことについて，改めて検討する．実際〈序〉での議論は，科学の言語としての数学の現状や数学の基礎に関係する事柄の歴史的な展開状況などへの観察を，主な手がかりに進められたもので，理論的には全く不十分である．そこで〈結び〉において，本文で解説したトポスの具体的な姿を踏まえて，たとえばその「基本定理」などを踏まえて，理論的にもトポスが普遍論理の候補として有力であることを指摘して，締め括る．

第1章　関数型高階論理

　数学をはじめとする種々の数理科学的な諸分野においては，いうまでもなく厳密な推論が要求される．そして今日では，そのような推論の中心部分が，いわゆる一階の述語論理として解明されていることは，よく知られている．しかし一方で，この一階の述語論理が万全なものでないことは，日常の自然言語の言明においても，科学上の言明においても頻出する「——であること」(i.e. that 節) の処理一つ取っても，明らかである．たとえば，「ジョンがメアリーを殴ったことが原因で，メアリーは失明した」を，一階の述語論理で $P(a,b) \supset Q(b)$ (ただし，a：ジョン，b：メアリー，$P(x,y)$：x が y を殴った，$Q(y)$：y は失明した，とする) と形式化して捉えることは，明らかに的確さを欠いている．すなわち $\supset$ で表わされる条件法 (i.e. ならば) によって因果関係を捉えることは無理である．しかしそうかといって，事象 (i.e. ——であること) と事象 (i.e. ——であること) との因果関係を表わす述語 (i.e. $R(x,y)$：x は y の原因である) を導入して，例文を $R(P(a,b), Q(b))$ と形式化した場合，この形式化は明らかに一階の述語論理を逸脱している．とにかく一階の述語論理は，確かに基本的な推論構造を解明している強力な論理ではあるが，上記した簡単な事例をはじめ，その表現力には限界がある．そこで当然のことながら，より豊かな表現力をもった論理を用意することが是非必要となってくる．そしてその一例となるのが，この第1章で取り上げる関数型古典高階論理 λ-h.o.l. である．

　以下，§1.1 で関数型高階論理の基本的な考え方を，§1.2，§1.3 で λ-h.o.l.

の具体的な展開を，§1.4 でその応用例としてモンタギュー文法の一端を，順次解説していく．また §1.5 では，自然数の世界をも扱うことができるように，*λ*-h.o.l. の拡張についても解説する．なお，上で問題とした that 節がどのように処理されるかなどは，§1.4 の中で触れられる．

§1.1　関数型高階論理の考え方

出発点となる考え方

　この章で取り上げる関数型高階論理では，言語表現とそれが表現する意味の世界（以下，仮に意味世界と呼ぶ）に対して，大前提として予め，以下のような見方，考え方が採用される．

　(1) 言語表現は，通常，語と呼ばれる記号をその構成要素としている．すなわち言語表現は，一語または複数個の語が並んだ形態を取っている．一方，こうした言語表現が表現する意味世界は，種々の集合（通常，「領域」(domain) と呼ばれる）から成り立っている．そしてそうした領域の成員 (i.e. 要素) を，言語表現の構成要素である語がその対象として指示する，という関係になっている（図1.1 を参照）．

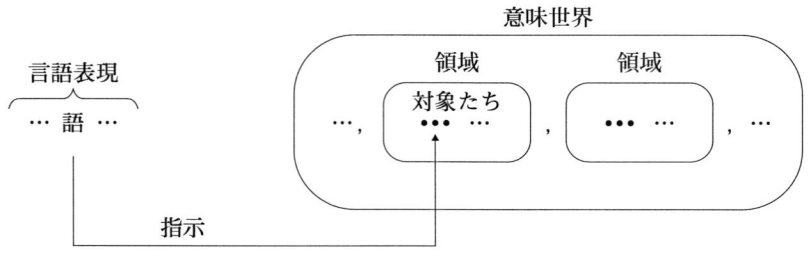

図 1.1

(2) 意味世界を構成する複数個の領域は，大きく二つに分けることができる．一つは，何らかの個体（i.e. 差し当り，不可分体とみなせるもの）を要素とする領域と，他の一つは，ある領域からある領域への関数を要素とする領域である．すなわち前者を仮に基礎領域（または個体領域），後者を仮に関数領域（または作用領域）と呼ぶことにすれば，意味世界はいくつかの基礎領域といくつかの関数領域から成立している，といえる．

(3) 意味世界が種々の領域から成ることから，各々の領域を区別する指標が，当然のことながら考えられる．また各々の語が，その各々に応じた領域の要素をその対象として指示することから，各々の語にも対応する領域の指標が，これまた当然のことながら考えられてくる．すなわち語は，各々固有の指標をもつ語となってくる．

(4) 意味世界の領域には関数領域があることから，ある領域の要素と，その領域からある領域への関数からなる関数領域の要素との結合ということが，意味世界では自然に存在してくる（通常，この結合は「関数適用」(functional application) と呼ばれる）．したがって，この関数適用の種々の事態こそ，意味世界をきわめて豊かな世界にしているものといえる．と同時に，言語表現における複数個の語の並び，すなわち複数個の語結合こそが，まさにこの意味世界の関数適用の事態に対応し，それらを表現するものとなっている．

以上(1)〜(4)としてまとめられる事柄が，関数型高階論理が予め採用し，大前提としている言語表現とそれが表現する意味世界に対する見方，考え方である．そこで関数型高階論理では，この見方，考え方を踏まえつつ改めて，許容される語結合はいかなるものか，またいかなる語結合といかなる語結合とが同一のものであるか，さらにまたいかなる語結合からいかなる語結合が引き出されるか，などが主要な関心事となってくる．すなわちこれらの関心事について，一般的に成立する規則性を整理し，明確にする作業が是非必要となってくる．そして実際，その作業結果としての語結合についての一般的な規則性の提示が，他ならぬ関数型高階論理の実質的な内容となってくる．

タイプつき項

　それでは，上記した関数型高階論理が予め採用する見方，考え方，およびそれにもとづく論理としての諸課題は，どのように具体化されるであろうか．しかし正式な展開は§1.2，§1.3で示すことにして，ここでは二つほどの準備的な事柄に触れておこう．その第一は，項とそのタイプについてである．

　関数型高階論理では，言語表現の語や複数個の語の並び（i.e. 語の結合体）は，各々英字母の小文字やそれらの並びとして明確に記号化され，しかもそれらは改めて「項」（term）と呼ばれる．また言語表現が表現する意味世界の領域には，各々その指標が考えられたが，これら指標も記号によって表示され，しかもそれらは改めて「タイプ（または型)」（type）と呼ばれる．さらにまた，項がある領域の要素をその対象として指示していることから，項にもタイプが考えられてくる．すなわち項の指示対象が属する領域のタイプが，その項のタイプとされる．したがって項は，タイプを表示する記号を項の右下に添字とした記号となってくる．このように関数型高階論理の項は必ず「タイプつき項」（typed term）と呼ばれる項である．

　念のため図1.2を添えておく．ただし図1.2において，D_α, D_β, D_γ は各々 α, β, γ タイプの領域を表わし，c_α, d_β は各々 α, β タイプの項を表わし，$c_\alpha d_\beta$ は c_α と d_β との結合体としての項を表わしている．

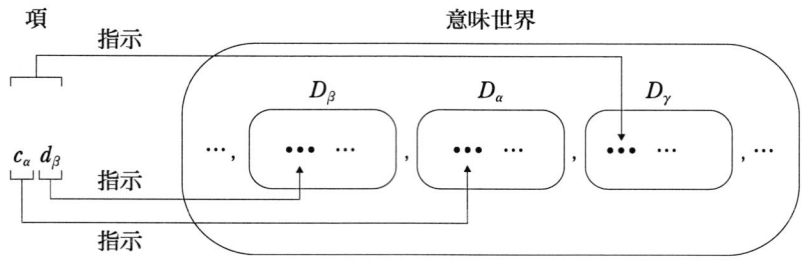

図 1.2

なおタイプが導入されることによって，項と項との結合において，結合可能な場合と不可能な場合が生じてくる．この点については，もとより§1.2で明らかにされる．しかし差し当り図1.2の場合，D_α が D_β の要素から D_γ の要素への対応を与える関数を要素とする領域のとき，c_α と d_β との結合は可能であり，そしてそのとき $c_\alpha d_\beta$ は γ タイプの項となることを，ひとこと付け加えておく．

λ 記 号

準備的な事柄の第二は，λ（ラムダ）記号についてである．

言語表現の多くは，通常複数個の語からなっているが，このことは，関数型高階論理では項の多くが，複数個の項の結合体となっていることでもある．と同時にこのことはまた，項の多くが，意味世界での種々の関数適用の事態を表現していることでもある．そこで，このように関数適用ということが前面に大きくでてくるとき，関数適用における作用者である関数自体を，改めて明示する必要が生じてくる．すなわち cd なる項は，c なる項によって指示される関数が d なる項によって指示される対象に作用している関数適用なる事態を表現しているが，この場合 cd の中の c が関数であることをもっとはっきりと明示する工夫が必要となる．

しかしそれは，関数が入力—出力の関係（i.e. 入力を何にするかによって出力が一意的に決まるという関係）であることに注目すれば，容易に可能となる．すなわちそれは，関数の入力部分と出力部分を並記することによって関数の関数性（i.e. 関数自体）を示す，という方法である．見慣れた記号で説明すれば，関数 $f(x)$ において，純粋に関数自体というものは，入力 x に対して出力 $f(x)$ なる対応を与える f であることから，この f を $xf(x)$ のように入力 x と出力 $f(x)$ とを並記することで表わそうという方法である．しかしこれだけでは混乱を生むこともあり得る．そこでさらに，入力部分 x を記号 λ と．ではさむことにより，f を $\lambda x.f(x)$ と表わす記号法が採用されることになる．今後頻出する λ 記号とは，このように関数の入力部分を明示するために導入された記号である．

以上より，λ 記号については，直ちに次の (1)〜(3) が指摘できることは明らかであろう．

(1) $f = \lambda x. f(x)$
(2) $f(x) = (\lambda x. f(x))(x)$
(3) $f(a) = (\lambda x. f(x))(a)$

また先の cd の場合について，c が関数であることを明示するには，$\lambda x.cx$ とすればよい，ということになる．したがって cd は (3) と同様に，$cd = (\lambda x.cx)d$ となる．

なお λ 記号は，「関数抽象子」(function abstractor) と呼ばれることもある．また λ 記号に慣れるために，念のため上の (1)〜(3) にもとづく簡単な例題を添えておこう．

1) $(\lambda x.x)a = a$．
2) $(\lambda x.3x+y)5 = 15+y$．
3) $(\lambda x.xy)a = ay$．
4) $(\lambda x.xz)(\lambda y.y) = (\lambda y.y)z = z$．
5) $(\lambda x.x(y+1))(\lambda y.y) = (\lambda y.y)(y+1) = y+1$．

§1.2　高階論理 λ-h.o.l. のタイプと項

§1.1 での関数型高階論理の考え方を踏まえて，§1.2, §1.3 では，その具体的なものの一つとして，最も単純な関数型古典高階論理を取り上げる．なお本書では以下一貫して，この高階論理 higher order logic を λ-h.o.l. と表記することにする．

§1.2 高階論理 λ-h.o.l. のタイプと項

タイプの定義

はじめにさっそく λ-h.o.l. のタイプの定義を与えよう．

定義（λ-h.o.l. のタイプ）
(1) e はタイプである．
(2) t はタイプである．
(3) α, β が各々タイプであるとき，$\langle \alpha, \beta \rangle$ はタイプである．
(4) (1)～(3) によってタイプとなるもののみが，タイプである． □

タイプとは，§1.1 で触れたように内容的には，高階論理にかかわる意味世界の各領域の指標のことであり，同時にその領域の要素を指示対象とする記号に付加される指標のことであった．その点からいえば，λ-h.o.l. の e タイプとは，個体 entity を要素とする個体領域（D_e と表わされる）の指標 e のことであり，同時に D_e の要素を指示対象とする記号に付加される指標 e のことである．また λ-h.o.l. の t タイプとは，真理値 truth value (i.e. 真，偽のこと) を要素とする真理値領域（D_t と表わされる）の指標 t のことであり，同時に D_t の要素を指示対象とする記号に付加される指標 t のことである．さらにまた，λ-h.o.l. の $\langle \alpha, \beta \rangle$ タイプとは，α タイプの領域（D_α で表わされる）から β タイプの領域（D_β と表わされる）への関数を要素とする領域（$D_{\langle \alpha, \beta \rangle}$ と表わされる）の指標 $\langle \alpha, \beta \rangle$ のことであり，同時に $D_{\langle \alpha, \beta \rangle}$ の要素を指示対象とする記号に付加される指標 $\langle \alpha, \beta \rangle$ のことである．

したがって上の定義は，λ-h.o.l. にかかわる意味世界の領域が，D_e, D_t なる二つの基礎領域と，それらをもとに順次考えられていく種々の関数領域に限られること，および λ-h.o.l. での記号もそれらを指示するものに限られることを示している．しかし上記した λ-h.o.l. のタイプの定義は，このような内容的なこととは，差し当り関係はない．上の定義は，あくまでも帰納的な仕方で形式的に与えられていることのみを表明している，と受けとめられるべきである．

なおここで，上の定義に現われたタイプ表記におけるカンマと括弧につい

て，その省略法を予め次の(1), (2)のように取り決めておこう．

(1) $\langle \alpha, \beta \rangle$ は，$\alpha\beta$ と略記してよい．
(2) $\langle \alpha, \langle \beta, \gamma \rangle \rangle$ は，$\alpha\langle\beta\gamma\rangle$，さらには $\alpha\beta\gamma$ と略記してよい．すなわち三個以上のタイプ記号列については，つねにその右側の記号との結合が強いとする省略法（右結合と呼ばれる）である．

しかし以下では，この省略法を念頭におきつつも，見易さを優先してそのつど適宜部分的に適用していくことにする．

項 の 定 義

次に，上に定義したタイプを伴った λ-h.o.l. の項の定義を与えよう．しかしそのためには，予め λ-h.o.l. の基本記号を確認しておくことが必要である．ここで λ-h.o.l. の「基本記号」(primitive symbol) とは，λ-h.o.l. が是非とも前提としなければならない最小限必要となる記号のことである．

λ-h.o.l. の基本記号
(1) 論理常項： $=_{\alpha<\alpha t>}$ ．
(2) 変項： $x_\alpha, y_\alpha, z_\alpha, \cdots$ ．
(3) 補助記号： $\lambda, (\,,\,)$．
ただし(1), (2)における α, t は各々タイプ記号である．

注意 1) 論理についての基本記号が，$=$ (i.e. 等号) のみであることは，λ-h.o.l. のきわだった特徴である．λ-h.o.l. でももとより，T, F, $\neg$, $\wedge$, $\supset$, $\vee$, $\forall$, $\exists$ などの論理記号は登場するが，これらはすべて後述するように定義によって導入される．
2) 変項は，その数が多く必要となるときは，x_α^i ($i = 1, 2, 3, \cdots$) と表わされる．また x_α^i で変項の代表とすることもある．さらにまた，$\alpha\beta$ タイプ (i.e. 関数タイプ) の変項の場合には，$x_{\alpha\beta}, y_{\alpha\beta}, \cdots$ と表わすこともあるが，$f_{\alpha\beta}, g_{\alpha\beta}, h_{\alpha\beta}, \cdots$ などと表わすこともある．

3) 補助記号としての λ は，§1.1 で触れた λ 記号（i.e. 関数抽象子）であり，(,) は各々括弧である．

つづいて，上の基本記号を素材とした記号形態である λ-h.o.l. のタイプつき項の定義を与えよう．

定義（λ-h.o.l. のタイプつき項）
(1) $x_\alpha, y_\alpha, z_\alpha, \cdots$ は，各々 α タイプの項である．
(2) $=_{\alpha <\alpha t>}$ は，$\alpha \langle \alpha t \rangle$ タイプの項である．
(3) $A_{\alpha\beta}, B_\alpha$ が各々 $\alpha\beta$ タイプ，α タイプの項であるとき，$(A_{\alpha\beta} B_\alpha)$ は β タイプの項である．
(4) A_β が β タイプの項であるとき，$(\lambda x_\alpha^i . A_\beta)$ は $\alpha\beta$ タイプの項である．
(5) (1)〜(4)によって項となるもののみが，項である． □

注意 1) 上の定義において，タイプ表記の一部は，先に触れたタイプ表記の省略法を使用している．
2) t タイプの項は，とくに「式（i.e. 論理式）」(formula) と呼ばれることもある．

ところで項は，§1.1 で触れたように内容的には，意味世界の種々の事態を表現する記号である．たとえば上の定義の(3)の $(A_{\alpha\beta} B_\alpha)$ は，$A_{\alpha\beta}$ で指示される領域 $D_{\alpha\beta}$ の要素である関数が，B_α で指示される領域 D_α の要素である対象に関数適用されている事態を表現している記号となっている．また定義の(4)の $(\lambda x_\alpha^i . A_\beta)$ は，x_α^i で指示される領域 D_α のある要素を入力するとき，A_β で指示される領域 D_β のある要素を出力するような D_α から D_β への関数自体を表現している記号となっている．しかし上記した λ-h.o.l. の項の定義は，このような内容的なこととは，差し当りは関係ない．上の定義は，あくまでも帰納的な仕方で形式的に与えられていることのみを表明している，と受けとめられるべきこと，タイプの定義の場合と同様である．

なお，上記した項の定義からは，複数個の括弧の組が現われる項も当然あ

り得る．そこでその場合の括弧の省略法を，予め次の(1), (2)のように取り決めておこう．

(1) 項の一番外側の括弧の組は省略してもよい．
(2) 三個以上の項が並ぶときは，つねに左側の項との結合が強いとして括弧を省略してもよい（左結合と呼ばれる）．

たとえば(1)は，(AB), (ABC) などを各々 AB, ABC と略記してもよいことを意味しており，(2)は，$((AB)C)$ を (ABC) と略記してもよいことを意味している．しかしこれは原則であって，実際には後出する諸記号との兼ね合いで，多少の調整が必要となる．この点は諸記号が登場してきた際に，注意することにする．

束縛変項と自由変項など

項中に現われる変項について，「束縛変項」(bound variable)，「自由変項」(free variable)，「A_α は B_β における x_α^i に対して自由である」（A_α is free for x_α^i in B_β）などの用語を，以下のように定義しておこう．これらは§1.3で必要となってくる．

定義（束縛変項と自由変項）
(1) x_α^i は A_β で束縛変項である $\underset{\mathrm{df}}{\Longleftrightarrow}$ x_α^i は A_β の $(\lambda x_\alpha^i.B_\gamma)$ なる部分に現われている．
(2) x_α^i は A_β で自由変項である $\underset{\mathrm{df}}{\Longleftrightarrow}$ x_α^i は A_β の $(\lambda x_\alpha^i.B_\gamma)$ なる部分に現われていない． □

注意 $\underset{\mathrm{df}}{\Longleftrightarrow}$ は，その左側の部分が右側の部分によって定義されていることを表わしている．もとより λ-h.o.l. 自体に属する正式な記号ではない．

§1.2 高階論理 λ-h.o.l. のタイプと項

定義（x_α^i に対して自由である）
A_α は B_β における x_α^i に対して自由である $\underset{\mathrm{df}}{\Longleftrightarrow}$ A_α を B_β における自由変項 x_α^i に代入しても，A_α における自由変項は B_β で自由変項のままである． □

注意 別の定義の仕方として，上の $\underset{\mathrm{df}}{\Longleftrightarrow}$ の右の部分を，次のようにしてもよい．すなわち，y_γ が A_α の自由変項として，B_β の $(\lambda y_\gamma.C_\delta)$ なる部分には x_α^i が自由変項としては全く現われていない．

論理記号の定義

λ-h.o.l. を論理として身近で見易い形で展開していくために，＝の通常の記号法や周知の論理記号 T，F，￢，∧，⊃，∨，∀，∃ などを，はやばやこの時点で導入しておくことにする．これらはいずれも，すでに触れたように，最終的には先に提示した基本記号にもとづくものとして，下記のように定義される．

定義（＝の通常の記号法）
$(A_\alpha = B_\alpha) \;\underset{\mathrm{df}}{=}\; ((=_{\alpha<\alpha t>} A_\alpha)B_\alpha).$ □

注意 1) $\underset{\mathrm{df}}{=}$ は，その左側の部分の項が，右側の部分の項によって定義されることを表わしている．もとより λ-h.o.l. 自体に属する正式な記号ではない．
2) $(A_\alpha = B_\alpha)$ は，（ ）内に三個の項があり，括弧の省略法の原則によれば，$((A_\alpha =)B_\alpha)$ ということになるが，通常の記号法での ＝ の場合，あくまでも上の定義の右部分で与えられている項の略記であることを注意しておく．
3) $(A_\alpha = B_\alpha)$ なる項は，全体としては t タイプであり，内容的には一つの命題となっている．
4) ＝で結合される両側の項が t タイプのとき，$(A_t \equiv B_t)$ のように ＝ に代って ≡ なる記号が使用されることがある．しかし本書ではこの記号法は採用しない．

定義（T と F）

(1) $\mathrm{T} \underset{\mathrm{df}}{=} (\lambda x_t.x_t = \lambda x_t.x_t)$.
(2) $\mathrm{F} \underset{\mathrm{df}}{=} (\lambda x_t.\mathrm{T} = \lambda x_t.x_t)$. □

注意 1) T, F とも t タイプの論理常項であり, T_t, F_t とすべきであるが, 見易すさのため以下では多くの場合 T, F としていく.
2) ＝の通常の記号法では, その結合力は最も弱いとされるが, 本書でもそのとおりとする. したがって, たとえば上の(1)の $(\lambda x_t.x_t = \lambda x_t.x_t)$ は $((\lambda x_t.x_t) = (\lambda x_t.x_t))$ を略記したものとなっている.

定義（¬ と ∧ および ∧ の通常の記号法）
(1) $\neg_{tt} \underset{\mathrm{df}}{=} (\lambda x_t.(\mathrm{F} = x_t))$.
(2) $\wedge_{t<tt>} \underset{\mathrm{df}}{=} (\lambda x_t.\lambda y_t.(\lambda f_{t<tt>}.(f_{t<tt>}\mathrm{TT}) = \lambda f_{t<tt>}.(f_{t<tt>}x_t y_t)))$.
(3) $(A_t \wedge B_t) \underset{\mathrm{df}}{=} ((\wedge A_t)B_t)$. ただし A_t, B_t は各々 t タイプの項とする. □

注意 1) 上の(2)には $(\lambda x_t.\lambda y_t.A_\alpha)$ という形が現われているが, これは $(\lambda x_t.(\lambda y_t.A_\alpha))$ を略記したものである. 一般に, $(\lambda x_{\alpha_1}^1.\lambda x_{\alpha_2}^2.\cdots \lambda x_{\alpha_n}^n.A_\beta)$ の場合, $\lambda x_{\alpha_i}^i$ は右側の項との結合が強いとする（右結合と呼ばれる）.
2) 内容的には, (1) の $\neg_{tt}$ は, 入力 x_t が T のとき F, 入力 x_t が F のとき T を出力する真理関数なる論理常項と定義されている. また(2) の $\wedge_{t<tt>}$ も, 入力 x_t, y_t がともに T のとき T, 入力 x_t, y_t のどちらか一方が F のとき F を出力する真理関数なる論理常項と定義されている.
3) 上の(3)は, ∧ の通常の記号法の定義である. なお(3)では ∧ のタイプを省略している. 今後, 前後関係からそのタイプが容易に推定される場合の多くで, そのタイプ付記を省略する.

定義（⊃ と ∨ および ⊃ と ∨ の通常の記号法）
(1) $\supset_{t<tt>} \underset{\mathrm{df}}{=} (\lambda x_t.\lambda y_t.(x_t = x_t \wedge y_t))$.
(2) $(A_t \supset B_t) \underset{\mathrm{df}}{=} ((\supset A_t)B_t)$. ただし A_t, B_t は各々 t タイプの項とする.
(3) $\vee_{t<tt>} \underset{\mathrm{df}}{=} (\lambda x_t.\lambda y_t.(\neg x_t \supset y_t))$.
(4) $(A_t \vee B_t) \underset{\mathrm{df}}{=} ((\vee A_t)B_t)$. ただし A_t, B_t は各々 t タイプの項とする. □

注意 1) ⊃はすでに定義された ∧ を使って，また ∨ は ⊃ を使って定義されている．
2) 上の (2), (4) は，各々 ⊃，∨ の通常の記号法の定義である．
3) 論理常項 ＝，¬，∧，⊃，∨ が通常の記号法で現われる場合，それらの結合の強弱関係（＞で表わす）は，通常どおり ¬＞∧, ∨＞⊃＞＝ とする．

定義（∀と∃）
(1) $(\forall x_a A_t) \underset{\mathrm{df}}{\equiv} (\lambda x_a.A_t = \lambda x_a.\mathrm{T})$.
(2) $(\exists x_a A_t) \underset{\mathrm{df}}{\equiv} (\neg \forall x_a \neg A_t)$.
ただし (1), (2) において A_t は t タイプの項とする． □

注意 上の (1) では，「すべての x_a について，A_t である」が，「入力 x_a 出力 A_t なる関数が，どんな入力 x_a に対してもつねに T を出力する関数と同一である」として，λ をうまく使って捉えられている．

補足 ─ $\langle e,t \rangle$ タイプの項 ─

この § の最後に，λ-h.o.l. の $\langle e,t \rangle$ タイプの項が，一階の述語論理での述語 (i.e. 集合) に相当するものであることを，念のために補足しておこう．

たとえば「人間」という述語は，個体を要素とする集合 (i.e. D_e) の部分集合 $\{x \mid x$ は人間である$\}$ ($=H$ とする) に対応しているが，一方で真，偽を要素とする集合 (i.e. D_t) が存在する場合，この部分集合 H には次のような関数 $h: D_e \to D_t$ が対応してくる．すなわちそれは，$x \in H$ のとき $h(x)=$真，$x \notin H$ のとき $h(x)=$偽であるような関数 h であり，またこの h は，λ-h.o.l. のタイプつき項という点からみれば，明らかに $\langle e,t \rangle$ タイプの項に他ならないものとなっている．結局「人間」なる述語には，λ-h.o.l. の $\langle e,t \rangle$ タイプの項 $h_{\langle e,t \rangle}$ が対応している，といえる．

このような事情は，もちろん「人間」以外の他の述語についても成立する．とするとこのことは，一階の述語論理で中心的な位置を占める述語が，すべて λ-h.o.l. の $\langle e,t \rangle$ タイプの項として捉えられることを示しており，また λ-h.o.l. がその一部として自然に一階の述語論理を含んでいることをも示し

§1.3　高階論理 λ-h.o.l. の公理系

前§では，種々の事柄を表現し得る言語形式に相当する λ-h.o.l. の項が，いかなるものであるかを明らかにした．つづいてこの§では，そうした λ-h.o.l. の項たちの中で，つねに成立する項がいかなるものであるか，また項と項との間につねに成立する関係はいかなるものであるかなどを，いよいよ眺めていくことにしよう．実際，つねに成立する項や項間につねに成立する関係などを把握することは，（狭義の）論理にとって最も中心的なテーマといえる．というのもそのことは，種々の応用的な推論の場面で使用される論理法則を把握することでもあるからである．

ではこのように大切なつねに成立する項や項間の関係は，具体的にはどのようなものであろうか．以下本書では，いわゆる公理系スタイルでさっそくそれらを提示していくことにする．

公理と推論規則

λ-h.o.l. ではまず次の四つの t タイプの項（i.e. 式）が公理とされる．なお，そこでの A_α, B_β などは各々添字で示されたタイプをもつ項であり，また括弧は §1.2 で触れた省略法を念頭におきつつ分かる範囲で省略してある．

λ-h.o.l. の公理
- **A.1**　$(x_\alpha = y_\alpha) \supset (A_{\alpha t} x_\alpha = A_{\alpha t} y_\alpha)$
- **A.2**　$(A_{\alpha\beta} = B_{\alpha\beta}) = \forall x_\alpha (A_{\alpha\beta} x_\alpha = B_{\alpha\beta} x_\alpha)$
- **A.3**　$(\lambda x_\alpha^i . A_\beta) B_\alpha = A_\beta [x_\alpha^i := B_\alpha]$

ただし，B_α は A_β の x_α^i に対して自由であるとする．
- **A.4**　$(A_{tt} \mathrm{T}_t \wedge A_{tt} \mathrm{F}_t) = \forall x_t A_{tt} x_t$

§1.3 高階論理 λ-h.o.l. の公理系

注意 1) A.3 の右辺は，「A_β に現われる x^i_α に B_α を代入した項」を表わしている．[○ := △] は，「○に△を代入する」を表わす記号法として，一般に使用されている．

2) A.1, A.2 は，λ-h.o.l. の基本記号である = (i.e. 等号または同一性) についての公理である．A.1 は，内容的には，= の基本性質である代入可能性を表わしている．もう一つの基本性質である反射性は，定理 T.1 となっている．A.2 は，内容的には，二つの関数が同一であることがいかなることであるかを示している．

3) A.3 は，λ-h.o.l. の基本記号である λ についての公理である．内容的には，§1.1 で説明した λ 記号の基本性質に他ならない．

4) A.4 は，λ-h.o.l. が二値的な体系あるいは古典的な体系であることを表わしている．

また λ-h.o.l. では，上記の公理から定理を引き出すための基本的な推論規則として，次の規則が予め一つ設定されている．なお，そこでの A_α, B_α, C_β, D_β は各々添字で示されたタイプをもつ項とする．

λ-h.o.l. の推論規則

R. C_β と $A_\alpha = B_\alpha$ とから，D_β を引き出してよい．

ただし D_β は，C_β で A_α が現われている少なくとも一箇所を，B_α におきかえた項とする．また C_β での A_α の現われは，λ に直ちにつづく変項としては現われていないこととする．

注意 1) 上の R. は，定理を引き出す規則という形を取っているが，公理系 λ-h.o.l. では基本的なものとして大前提されており，広い意味での公理の一つといえるものである．

2) R. は，内容的には，= の代入可能性を踏まえたものである．

3) ただし書きの二番目は，たとえば A_α が x_α として λx_α. のようになることを禁止している．

⊢A および Γ⊢A の定義

次に，上の公理と推論規則により諸定理を引き出していくことになるが，

しかしそれに先立って，二つの事柄を定義しておく．一つは，「A_t は（λ-h.o.l. の）定理である」（記号で $\vdash A_t$ と表わされる）の定義であり，もう一つは，「（λ-h.o.l. においては）A_t は前提 Γ から引き出される」（記号で $\Gamma \vdash A_t$ と表わされる）の定義である．なお Γ は，λ-h.o.l. の t タイプの項の列を表わしている．

定義（$\vdash A$）

$\vdash A_t \underset{\text{df}}{\Longleftrightarrow}$ 次の条件をみたす t タイプの項（i.e. 式）の列 $B_1, \cdots, B_m (= A_t)$ が存在する．すなわち B_i ($1 \leq i \leq m$) は，1) A.1〜A.4 の中の一つである，または 2) 先行する B_j, B_k から R. を使って引き出される． □

定義（$\Gamma \vdash A$）

$\Gamma \vdash A_t \underset{\text{df}}{\Longleftrightarrow}$ 次の条件をみたす t タイプの項（i.e. 式）の列 $B_1, \cdots, B_m$ ($= A_t$) が存在する．すなわち B_i ($1 \leq i \leq m$) は，1) Γ の中の一つである，または 2) A.1〜A.4 の中の一つである，または 3) 先行する B_j, B_k からただし書きがもう一つ加わった R.（以下 R_Γ と記す）を使って引き出される．なお R. に追加されるただし書きとは，x_α が Γ および $A_\alpha = B_\alpha$ において自由変項であるとき，A_α は C_t の（$\lambda x_\alpha . E_\delta$）なる部分の中には現われていないこと，である． □

注意 1) $\Gamma \vdash A$ の定義中で，R. に追加されるただし書きが必要となるのは，前提 Γ での自由変項が必ずしも全く任意の自由変項とはいえない場合が考えられるからである．

2) $\vdash A$ は，$\Gamma \vdash A$ の Γ が空列の場合に相当する．

さて以上二つの事柄の定義も与えたので，λ-h.o.l. の基本的な定理のいくつかを，以下順次例示していこう．なお T. は λ-h.o.l. の定理であることを表わしている．

定理の例（その1）

はじめに ＝ (i.e. 等号) と λ 記号についての定理を見てみる．

T.1　$\vdash A_\alpha = A_\alpha$

証明

(1)	$\vdash (\lambda x_\alpha . x_\alpha) A_\alpha = A_\alpha$	A.3
(2)	$\vdash (\lambda x_\alpha . x_\alpha) A_\alpha = A_\alpha$	A.3
(3)	$\vdash A_\alpha = A_\alpha$	(1), (2), R. □

T.2
(1) $\Gamma \vdash A_t, \Gamma \vdash A_t = B_t \Rightarrow \Gamma \vdash B_t$
(2) $\Gamma \vdash A_\alpha = B_\alpha \Rightarrow \Gamma \vdash B_\alpha = A_\alpha$
(3) $\Gamma \vdash A_\alpha = B_\alpha, \Gamma \vdash B_\alpha = C_\alpha \Rightarrow \Gamma \vdash A_\alpha = C_\alpha$
(4) $\Gamma \vdash A_{\alpha\beta} = B_{\alpha\beta}, \Gamma \vdash C_\alpha = D_\alpha \Rightarrow \Gamma \vdash A_{\alpha\beta} C_\alpha = B_{\alpha\beta} D_\alpha$
(5) $\Gamma \vdash A_{\alpha\beta} = B_{\alpha\beta} \Rightarrow \Gamma \vdash A_{\alpha\beta} C_\alpha = B_{\alpha\beta} C_\alpha$
(6) $\Gamma \vdash C_\alpha = D_\alpha \Rightarrow \Gamma \vdash A_{\alpha\beta} C_\alpha = A_{\alpha\beta} D_\alpha$

証明

(1)～(6) いずれも T.1 と R_Γ による．　　□

注意　T.2 は以下 $R_=$ として引用する．

T.3　$\vdash A_\alpha = B_\alpha, \Gamma \vdash C_t \Rightarrow \Gamma \vdash D_t$　ただし D_t は C_t の中で A_α が現われている少なくとも一箇所を B_α におきかえた式とする．また A_α は C_t の中で λ に直ちにつづく変項としては現われていないとする．

証明

(1)	$\vdash A_\alpha = B_\alpha$	$\Rightarrow$ の左
(2)	$\vdash C_t = C_t$	T.1
(3)	$\vdash C_t = D_t$	(1), (2), R.
(4)	$\Gamma \vdash C_t$	$\Rightarrow$ の左
(5)	$\Gamma \vdash C_t = D_t$	(3), $\Gamma \vdash A$ の定義

(6) $\quad \Gamma \vdash D_t$ \hfill (4), (5), R_Γ □

T.4 $\vdash B_\beta = C_\beta \Rightarrow \vdash (B_\beta = C_\beta)[x_\alpha := A_\alpha]$ ただし A_α は $B_\beta = C_\beta$ における x_α に対して自由である，とする．

証明
(1) $\quad \vdash (\lambda x_\alpha.B_\beta)A_\alpha = (\lambda x_\alpha.B_\beta)A_\alpha$ \hfill T.1
(2) $\quad \vdash B_\beta = C_\beta$ \hfill $\Rightarrow$ の左
(3) $\quad \vdash (\lambda x_\alpha.B_\beta)A_\alpha = (\lambda x_\alpha.C_\beta)A_\alpha$ \hfill (1), (2), R.
(4) $\quad \vdash (\lambda x_\alpha.B_\beta)A_\alpha = B_\beta[x_\alpha := A_\alpha]$ \hfill A.3
(5) $\quad \vdash (\lambda x_\alpha.C_\beta)A_\alpha = C_\beta[x_\alpha := A_\alpha]$ \hfill A.3
(6) $\quad \vdash (B_\beta = C_\beta)[x_\alpha := A_\alpha]$ \hfill (3), (4), (5), R. □

注意 T.2，T.3，T.4 いずれも推論規則の形をした定理となっている．

T.5 $\vdash f_{\alpha\beta} = \lambda x_\alpha^i.f_{\alpha\beta}x_\alpha^i$

証明
(1) $\quad \vdash (\lambda x_\alpha^i.f_{\alpha\beta}x_\alpha^i)x_\alpha = f_{\alpha\beta}x_\alpha$ \hfill A.3
(2) $\quad \vdash (f_{\alpha\beta} = \lambda x_\alpha^i.f_{\alpha\beta}x_\alpha^i) = \forall x_\alpha(f_{\alpha\beta}x_\alpha = (\lambda x_\alpha^i.f_{\alpha\beta}x_\alpha^i)x_\alpha)$ \hfill A.2
(3) $\quad \vdash (f_{\alpha\beta} = \lambda x_\alpha^i.f_{\alpha\beta}x_\alpha^i) = \forall x_\alpha(f_{\alpha\beta}x_\alpha = f_{\alpha\beta}x_\alpha)$ \hfill (1), (2), R.
(4) $\quad \vdash (f_{\alpha\beta} = f_{\alpha\beta}) = \forall x_\alpha(f_{\alpha\beta}x_\alpha = f_{\alpha\beta}x_\alpha)$ \hfill A.2
(5) $\quad \vdash f_{\alpha\beta} = f_{\alpha\beta}$ \hfill T.1
(6) $\quad \vdash \forall x_\alpha(f_{\alpha\beta}x_\alpha = f_{\alpha\beta}x_\alpha)$ \hfill (4), (5), R$_=$
(7) $\quad \vdash f_{\alpha\beta} = \lambda x_\alpha^i.f_{\alpha\beta}x_\alpha^i$ \hfill (3), (6), R$_=$ □

T.6 $\vdash \lambda x_\alpha^i.A_\beta = \lambda x_\alpha^j.A_\beta[x_\alpha^i := x_\alpha^j]$ ただし x_α^j は A_β に自由変項としては現われていないとする．また x_α^j は A_β の x_α^i に対して自由であるとする．

証明
(1) $\quad \vdash \lambda x_\alpha^i.A_\beta = \lambda x_\alpha^j.(\lambda x_\alpha^i.A_\beta)x_\alpha^j$ \hfill T.5
(2) $\quad \vdash \lambda x_\alpha^i.A_\beta = \lambda x_\alpha^j.A_\beta[x_\alpha^i := x_\alpha^j]$ \hfill (1), A.3, R. □

注意 T.5 は §1.1 で説明した λ 記号の性質の一つである．T.6 は，束縛変項は必要に応じて他の種類のものに変更できることを示している．

定理の例（その2）

次に論理記号 T, F, $\wedge$, $\forall$ についての定理を見てみる．

T.7 $\vdash T = (A_\alpha = A_\alpha)$

証明

(1)	$\vdash (\lambda y_\alpha . y_\alpha = \lambda y_\alpha . y_\alpha) = \forall x_\alpha ((\lambda y_\alpha . y_\alpha) x_\alpha = (\lambda y_\alpha . y_\alpha) x_\alpha)$	A.2
(2)	$\vdash \lambda y_\alpha . y_\alpha = \lambda y_\alpha . y_\alpha$	T.1
(3)	$\vdash \forall x_\alpha ((\lambda y_\alpha . y_\alpha) x_\alpha = (\lambda y_\alpha . y_\alpha) x_\alpha)$	(1), (2), $R_=$
(4)	$\vdash (\lambda y_\alpha . y_\alpha) x_\alpha = x_\alpha$	A.3
(5)	$\vdash \forall x_\alpha (x_\alpha = x_\alpha)$	(3), (4), R.
(6)	$\vdash \forall x_\alpha (x_\alpha = x_\alpha) = (\lambda x_\alpha . T = \lambda x_\alpha . (x_\alpha = x_\alpha))$	$\forall$ の定義
(7)	$\vdash \lambda x_\alpha . T = \lambda x_\alpha . (x_\alpha = x_\alpha)$	(5), (6), $R_=$
(8)	$\vdash (\lambda x_\alpha . T) A_\alpha = (\lambda x_\alpha . (x_\alpha = x_\alpha)) A_\alpha$	(7), $R_=$
(9)	$\vdash (\lambda x_\alpha . T) A_\alpha = T$	A.3
(10)	$\vdash (\lambda x_\alpha . (x_\alpha = x_\alpha)) A_\alpha = (A_\alpha = A_\alpha)$	A.3
(11)	$\vdash T = (A_\alpha = A_\alpha)$	(8), (9), (10), $R_=$ □

T.8 $\vdash (T \wedge T) = T$

証明

(1)	$\vdash ((\lambda y_t . T) T \wedge (\lambda y_t . T) F) = \forall x_t ((\lambda y_t . T) x_t)$	A.4
(2)	$\vdash (\lambda y_t . T) T = T$	A.3
(3)	$\vdash (\lambda y_t . T) F = T$	A.3
(4)	$\vdash (\lambda y_t . T) x_t = T$	A.3
(5)	$\vdash (T \wedge T) = \forall x_t T$	(1)～(4), R.
(6)	$\vdash \forall x_t T = (\lambda x_t . T = \lambda x_t . T)$	$\forall$ の定義
(7)	$\vdash T = (\lambda x_t . T = \lambda x_t . T)$	T.7

(8) $\vdash T = \forall x_t T$ (6), (7), $R_=$
(9) $\vdash (T \land T) = T$ (5), (8), $R_=$ □

T.9 $\vdash T \land T$
証明
(1) $\vdash T = (T = T)$ T の定義
(2) $\vdash T = T$ T.1
(3) $\vdash T$ (1), (2), $R_=$
(4) $\vdash (T \land T) = T$ T.8
(5) $\vdash T \land T$ (3), (4), $R_=$ □

T.10 $\vdash A_\alpha = B_\alpha$, $\vdash C_\beta = D_\beta \Rightarrow \vdash (A_\alpha = B_\alpha) \land (C_\beta = D_\beta)$
証明
(1) $\vdash A_\alpha = B_\alpha$ $\Rightarrow$ の左
(2) $\vdash T = (A_\alpha = A_\alpha)$ T.7
(3) $\vdash T = (A_\alpha = B_\alpha)$ (1), (2), R.
(4) $\vdash C_\beta = D_\beta$ $\Rightarrow$ の左
(5) $\vdash T = (C_\beta = C_\beta)$ T.7
(6) $\vdash T = (C_\beta = D_\beta)$ (4), (5), R.
(7) $\vdash T \land T$ T.9
(8) $\vdash (A_\alpha = B_\alpha) \land (C_\beta = D_\beta)$ (3), (6), (7), R. □

T.11 $\vdash (T \land F) = F$
証明
(1) $\vdash ((\lambda y_t.y_t) T \land (\lambda y_t.y_t) F) = \forall x_t ((\lambda y_t.y_t) x_t)$ A.4
(2) $\vdash (\lambda y_t.y_t) T = T$ A.3
(3) $\vdash (\lambda y_t.y_t) F = F$ A.3
(4) $\vdash (\lambda y_t.y_t) x_t = x_t$ A.3
(5) $\vdash (T \land F) = \forall x_t x_t$ (1)~(4), R.
(6) $\vdash \forall x_t x_t = (\lambda x_t.T = \lambda x_t.x_t)$ $\forall$ の定義

§1.3 高階論理 λ-h.o.l. の公理系

(7) $\vdash F = (\lambda x_t.T = \lambda x_t.x_t)$ F の定義
(8) $\vdash \forall x_t x_t = F$ (6), (7), $R_=$
(9) $\vdash (T \land F) = F$ (5), (8), $R_=$ □

T.12 (UI) $\Gamma \vdash \forall x_\alpha A_t \Rightarrow \Gamma \vdash A_t[x_\alpha := B_\alpha]$ ただし, B_α は A_t における x_α に対して自由である, とする.

証明

(1) $\Gamma \vdash \forall x_\alpha A_t$ $\Rightarrow$ の左
(2) $\Gamma \vdash \forall x_\alpha A_t = (\lambda x_\alpha.T = \lambda x_\alpha.A_t)$ $\forall$ の定義
(3) $\Gamma \vdash \lambda x_\alpha.T = \lambda x_\alpha.A_t$ (1), (2), $R_=$
(4) $\Gamma \vdash (\lambda x_\alpha.T) B_\alpha = (\lambda x_\alpha.A_t) B_\alpha$ (3), $R_=$
(5) $\Gamma \vdash (\lambda x_\alpha.T) B_\alpha = T$ A.3
(6) $\Gamma \vdash (\lambda x_\alpha.A_t) B_\alpha = A_t[x_\alpha := B_\alpha]$ A.3
(7) $\Gamma \vdash T = A_t[x_\alpha := B_\alpha]$ (4), (5), (6), $R_=$
(8) $\Gamma \vdash C_\alpha = C_\alpha$ T.1
(9) $\Gamma \vdash T = (C_\alpha = C_\alpha)$ T.7
(10) $\Gamma \vdash T$ (8), (9), $R_=$
(11) $\Gamma \vdash A_t[x_\alpha := B_\alpha]$ (7), (10), $R_=$ □

注意 T.12 は通常,「全称例化」(universal instantiation) と呼ばれる推論規則であり, UI と略記される. 以下でも UI として引用する.

T.13 $\vdash (T \land A_t) = A_t$

証明

(1) $\vdash ((\lambda x_t.(T \land x_t = x_t)) T \land (\lambda x_t.(T \land x_t = x_t)) F)$
   $= \forall x_t ((\lambda x_t.(T \land x_t = x_t)) x_t)$ A.4
(2) $\vdash (\lambda x_t.(T \land x_t = x_t)) T = (T \land T = T)$ A.3
(3) $\vdash (\lambda x_t.(T \land x_t = x_t)) F = (T \land F = F)$ A.3
(4) $\vdash (\lambda x_t.(T \land x_t = x_t)) x_t = (T \land x_t = x_t)$ A.3
(5) $\vdash ((T \land T = T) \land (T \land F = F)) = \forall x_t (T \land x_t = x_t)$ (1)〜(4), R.

(6)　⊢ (T∧T=T)∧(T∧F=F)　　　　　　　　　　T.8, T.11, T.10
(7)　⊢ ∀x_t(T∧x_t=x_t)　　　　　　　　　　　　　(5), (6), R$_=$
(8)　⊢ (T∧A_t)=A_t　　　　　　　　　　　　　　(7), UI □

T.14　⊢ (T=F)=F
証明
(1)　⊢ ((λy_t.(T=y_t))T∧(λy_t.(T=y_t))F)
　　　= ∀x_t((λy_t.(T=y_t))x_t)　　　　　　　　A.4
(2)　⊢ (λy_t.(T=y_t))T=(T=T)　　　　　　　　A.3
(3)　⊢ (λy_t.(T=y_t))F=(T=F)　　　　　　　　A.3
(4)　⊢ (λy_t.(T=y_t))x_t=(T=x_t)　　　　　　　A.3
(5)　⊢ ((T=T)∧(T=F))=∀x_t(T=x_t)　　　　(1)〜(4), R.
(6)　⊢ T=(T=T)　　　　　　　　　　　　　　　T.7
(7)　⊢ (T∧(T=F))=∀x_t(T=x_t)　　　　　　　(5), (6), R.
(8)　⊢ (T∧(T=F))=(T=F)　　　　　　　　　　　T.13
(9)　⊢ (T=F)=∀x_t(T=x_t)　　　　　　　　　　(7), (8), R$_=$
(10)　⊢ (λx_t.T=λx_t.x_t)=∀x_t((λx_t.T)x_t=(λx_t.x_t)x_t)　　A.2
(11)　⊢ (λx_t.T)x_t=T　　　　　　　　　　　　　A.3
(12)　⊢ (λx_t.x_t)x_t=x_t　　　　　　　　　　　　　A.3
(13)　⊢ F=(λx_t.T=λx_t.x_t)　　　　　　　　　　F の定義
(14)　⊢ F=∀x_t(T=x_t)　　　　　　　　　　　(10)〜(13), R.
(15)　⊢ (T=F)=F　　　　　　　　　　　　　　(9), (14), R$_=$ □

T.15　⊢ (T=A_t)=A_t
証明
(1)　⊢ ((λy_t.((T=y_t)=y_t))T∧(λy_t.((T=y_t)=y_t))F)
　　　= ∀x_t((λy_t.((T=y_t)=y_t))x_t)　　　　　　A.4
(2)　⊢ (λy_t.((T=y_t)=y_t))T=((T=T)=T)　　　　A.3
(3)　⊢ (λy_t.((T=y_t)=y_t))F=((T=F)=F)　　　　A.3
(4)　⊢ (λy_t.((T=y_t)=y_t))x_t=((T=x_t)=x_t)　　　A.3

(5) $\vdash (((T=T)=T) \wedge ((T=F)=F))$
   $= \forall x_t ((T=x_t)=x_t)$ (1)〜(4), R.
(6) $\vdash ((T=T)=T) \wedge ((T=F)=F)$ T.7, T.14, T.10
(7) $\vdash \forall x_t ((T=x_t)=x_t)$ (5), (6), $R_=$
(8) $\vdash (T=A_t)=A_t$ (7), UI □

T.16 $\Gamma \vdash A_t \iff \Gamma \vdash T=A_t$

証明

上の T.15 と $R_=$ より明らか. □

T.17 (UG) $\Gamma \vdash A_t \Rightarrow \Gamma \vdash \forall x_a A_t$ ただし x_a は Γ のどの式において
も自由変項として現われていない, とする.

証明

(1) $\Gamma \vdash A_t$ ⇒ の左
(2) $\Gamma \vdash T=A_t$ (1), T.16
(3) $\Gamma \vdash \lambda x_a.T = \lambda x_a.T$ T.1
(4) $\Gamma \vdash \lambda x_a.T = \lambda x_a.A_t$ (2), (3), R_Γ
(5) $\Gamma \vdash \forall x_a A_t = (\lambda x_a.T = \lambda x_a.A_t)$ ∀ の定義
(6) $\Gamma \vdash \forall x_a A_t$ (4), (5), $R_=$ □

 注意 T.17 は通常,「全称汎化」(universal generalization) と呼ばれる推論
規則であり, UG と略記される. なおここに至って, 論理記号 ∀ についての基本
性質 UI (i.e. T.12) と UG とが, ようやく引き出されたことになる.

定理の例（その3）

最後に論理記号 ⊃, ∃ などについての定理を, 証明なしでいくつか掲げ
ておこう.

T.18 $\Gamma \vdash A_t[x_t:=T], \Gamma \vdash A_t[x_t:=F] \Rightarrow \Gamma \vdash A_t$

T.19　$\vdash (\mathrm{T} \supset x_t) = x_t$

T.20（MP）　$\Gamma \vdash A_t, \Gamma \vdash A_t \supset B_t \Rightarrow \Gamma \vdash B_t$

T.21　$\Gamma \vdash A_t \supset B_t \Rightarrow \Gamma \vdash A_t \supset \forall x_\alpha B_t$　　ただし x_α は A_t と Γ の中のどの式にも自由変項として現われていない，とする．

T.22（DT）　$\Gamma, A_t \vdash B_t \Rightarrow \Gamma \vdash A_t \supset B_t$

　注意　T.20, T.22 は，通常，各々「モードゥス・ポーネンス」(modus ponens)，「演繹定理」(deduction theorem) と呼ばれる推論規則であり，各々 MP, DT と略記される．また MP と DT は，よく知られているように，論理記号 $\supset$ についての基本性質である．

T.23（EG）　$\Gamma \vdash A_t[x_\alpha := B_\alpha] \Rightarrow \Gamma \vdash \exists x_\alpha A_t$　　ただし B_α は A_t における x_α に対して自由である，とする．

　注意　T.23 は，通常，「存在汎化」(existential generalization) と呼ばれる推論規則であり，EG と略記される．

T.24　$\vdash \exists f_{\alpha\beta} \forall x_\alpha (f_{\alpha\beta} x_\alpha = A_\beta)$　　ただし $f_{\alpha\beta}$ は A_β で自由変項ではない，とする．

T.25　$\Gamma, A_t \vdash B_t \Rightarrow \Gamma, \exists x_\alpha A_t \vdash B_t$　　ただし x_α は B_t と Γ の中のどの式においても自由変項ではない，とする．

　注意　T.25 は，EG (i.e. T.23) とともに，よく知られているように，論理記号 $\exists$ についての基本性質である．

T.26　(1)　$\vdash (x_\alpha = y_\alpha) \supset (f_{\alpha\beta} x_\alpha = f_{\alpha\beta} y_\alpha)$
　　　　(2)　$\vdash ((x_\alpha = y_\alpha) \wedge (f_{\alpha\beta} = g_{\alpha\beta})) \supset (f_{\alpha\beta} x_\alpha = g_{\alpha\beta} y_\alpha)$

注意 T.26 は A.1 より，より一般的な形での＝の代入可能性を表わしている．

§1.4　略式モンタギュー文法 ─λ-h.o.l. の応用例として─

　数学での命題は，そのほとんどが通常の一階の述語論理によって捉えられ，述語論理の式（i.e. 論理式）として形式化される．しかし，日常においても科学においても頻出する因果関係を内容とする命題などは，もはや一階の述語論理では十分に捉えられない．というのも，因果関係の形式化に当っては，「──ということ」（i.e. 英文では that 節）が適切に形式化されることが必要であるが，この章の前おき部分ですでに簡単な例で触れたように，その点が通常の述語論理ではうまく対応できないからである．

　また，日常における自然言語 natural language（以下 NL と略記する）には，副詞や助動詞による様相的な表現も多々含まれている．そしてこの点に関しては，通常の述語論理では全くのお手上げである．

　しかしながらこのような状況に対して，一方でこれらの困難を克服し，自然言語の言語表現を少しでも多く形式化しようという試みもなされてきている．いわゆる「モンタギュー文法」（Montague grammer）として知られている試みである．そこでは，予め用意される論理として，この章の§1.2, §1.3 でまさに取り上げた λ-h.o.l. に，さらに様相や内包的な諸要素を追加した「内包論理」（intensional logic）と呼ばれる論理が考えられ，それによる自然言語の断片の可能な限りの形式化が展開されている．

　しかしこの§だけで，このモンタギュー文法を全面的に取り上げることは，もちろん不可能である．そこでこの§では，モンタギュー文法の考え方に従いつつも，様相や内包的な諸要素にはいっさい触れずに，あくまでも内包論理の中核となっている λ-h.o.l. の範囲内で捉えられる NL の断片の形式化を，that 節の処理も必要となる例を含めたいくつかの例にそって，少しばかりみていくことにする．すなわちこの§1.4 の内容は，λ-h.o.l. の応用例としての略式モンタギュー文法である．なお以下では，NL の断片を NL 断片と呼び，また NL 断片としてはごく簡単な英文を例文に採用する．

NL 断片の形式化（その1）

NL 断片の形式化を，以下例文の提示，その構文解析，翻訳規則，それにもとづく λ-h.o.l. への翻訳とそこでの整理，という順序で述べてみる．

例文 1： John walks.

(1) 構文解析：まずはじめに，この例文を構成する語句の文法上の作用機序がいかなるものであるかが注目される．すなわちまずはじめに，例文 1 の構文解析がなされる．その結果例文 1 は，図1.3 のように，自動詞 walk(s) に固有名 John が作用したことによって生成される文であるとみなされる．

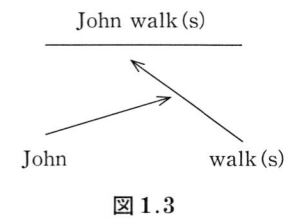

```
        John walk(s)
        ─────────────
          ↖   ↗
      John      walk(s)
```

図 1.3

(2) 翻訳規則 1：つづいて，固有名 John および自動詞 walk の各々に対応する λ-h.o.l. の項が与えられる．すなわち NL の語に対応する下記のような翻訳規則 1 が与えられる．

　　　　〈NL の表現〉　　　　〈λ-h.o.l. の項〉
　　1)　自動詞 walk　　⟶　　$walk'_{et}$
　　2)　固有名 John　　⟶　　$\lambda x_{et}.x_{et}(j_e)$

1) について説明しよう．まず λ-h.o.l. の項である $walk'$ は，NL の walk と同じ字母からなっているが，あくまでも λ-h.o.l. の記号（i.e. 項）であり，そのことを明示するために walk の右上に $'$ が付与されている．NL の自動詞は数多くあるため，対応する λ-h.o.l. の項の記号として一文字や二文字の

§1.4 略式モンタギュー文法

字母では対応しきれず，そのために NL と同じ字母からなる記号が採用されるわけである．またこの項のタイプが *et* タイプとされる点についてであるが，これは λ-h.o.l. が一階の述語論理をその一部として含んでおり，内容的に考えて NL の walk には一階の述語論理のいわゆる述語が対応することから，λ-h.o.l. でも *walk′* は *et* タイプとされるのである．なお，一階の述語論理の述語が *et* タイプとなることについては，§1.2 の終りの部分で触れたとおりである．

2) について説明しよう．例文 1 における John の機能を考えずに，単に John だけをみれば，それは明らかに個体からなる集合（i.e. *e* タイプの領域）の要素である一個体を指示している．すなわち文から切り離して John を考える限り，一階の述語論理と同様に λ-h.o.l. でも John には j_e なる項が対応すると考えられる．しかし例文 1 の構成要素としての固有名 John は，構文解析でみたように，自動詞 walk(s) に文を対応させる作用としての機能をもっている．それゆえこの点を考えるとき，λ-h.o.l. では文が *t* タイプであることから，固有名 John に対応する項は，*et* タイプの項を入力とし，*t* タイプの項を出力とする関数 $\lambda x_{et}.x_{et}(j_e)$ であり，結局 ⟨*et*⟩*t* タイプの項とされる．

(3) 翻訳規則 2：上の (1), (2) を踏まえて，次に文全体が翻訳される．その際，語結合に関する下記の翻訳規則 2 が適用される．

⟨NL の語結合⟩　　　　⟨λ-h.o.l. の項結合⟩
AB　　　⟶　　　$A′B′$
　　　　　　　　　　ただし $A′, B′$ は各々 NL の A, B に対応
　　　　　　　　　　する項とする．

これは，AB が B に A が作用して AB となる，という構文解析での作用機序をそのまま写す仕方で，NL 断片を λ-h.o.l. で形式化しようとする略式モンタギュー文法での基本的な考え方にもとづく規則である．

(4) 翻訳：以上のもとで，例文 1 はいまや λ-h.o.l. の項へ次のように翻訳される．

⟨NL の表現⟩　　　　　⟨λ-h.o.l. の項⟩
John walks　⟶　$(\lambda x_{et}.x_{et}(j_e))\,walk'_{et}$

(5) λ-h.o.l. 上での整理：上の (4) において例文 1 の λ-h.o.l. への翻訳，すなわち例文 1 の λ-h.o.l. での形式化は一応終了する．しかし，NL 断片が λ-h.o.l. の項に翻訳されると，λ-h.o.l. の論理としての諸規則が適用でき，普通さらにより簡明な λ-h.o.l. の項へと整理変形 (i.e. 推論) される．例文 1 の場合も，A.3 を使って次のように変形される．すなわち例文 1 は，最終的には，λ-h.o.l. の t タイプの項 (i.e. 式) $walk'_{et}(j_e)$ に形式化される．

$$(\lambda x_{et}.x_{et}(j_e))\,walk'_{et} \xrightarrow{A.3} walk'_{et}(j_e)$$

NL 断片の形式化（その 2）

例文 2 についても，例文 1 と同様の順序で，以下その形式化をみてみよう．

　　　　　例文 2：　A fish walks.

(1) 構文解析：例文 2 は図 1.4 のように構文解析される．

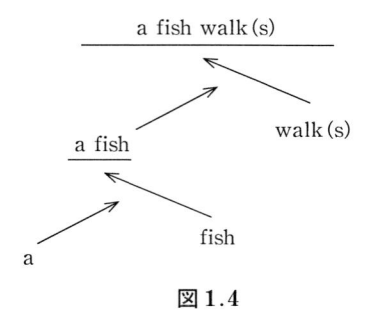

図 1.4

(2) 翻訳規則 3：つづいて，例文 2 の翻訳で必要となる普通名詞 fish および限定詞 a などについての翻訳規則 3 が，下記のように与えられる．

§1.4 略式モンタギュー文法

　　　　〈NL の表現〉　　　　　　〈λ-h.o.l. の項〉
1)　普通名詞 fish　　⟶　　$fish'_{et}$
2)　限定詞 a（または any, some）
　　　　　　　　　　⟶　　$\lambda x_{et}.\lambda y_{et}.\exists z_e(x_{et}(z_e) \wedge y_{et}(z_e))$
　　限定詞 all（または every）
　　　　　　　　　　⟶　　$\lambda x_{et}.\lambda y_{et}.\forall z_e(x_{et}(z_e) \supset y_{et}(z_e))$

(3)　例文2の形式化：以上のもとで例文2は，上の構文解析の結果に従って，翻訳規則1，2，3が下記のように少しずつ適用され，またそのつど λ-h.o.l. の項として整理変形される，という仕方で形式化されていく．すなわち例文2は，最終的には，λ-h.o.l. の t タイプの項（i.e. 式）$\exists z_e(fish'_{et}(z_e) \wedge walk'_{et}(z_e))$ に形式化される．

　　〈NL の表現〉　　　　　〈λ-h.o.l. の項〉
　　a fish　　　　⟶　　$(\lambda x_{et}.\lambda y_{et}.\exists z_e(x_{et}(z_e) \wedge y_{et}(z_e)))fish'_{et}$
　　　　　　　　　$\xrightarrow{A.3}$　$\lambda y_{et}.\exists z_e(fish'_{et}(z_e) \wedge y_{et}(z_e))$
　　a fish walk(s)　⟶　$(\lambda y_{et}.\exists z_e(fish'_{et}(z_e) \wedge y_{et}(z_e)))walk'_{et}$
　　　　　　　　　$\xrightarrow{A.3}$　$\exists z_e(fish'_{et}(z_e) \wedge walk'_{et}(z_e))$

NL 断片の形式化（その3）

次に that 節を含む例文を取り上げ，いままでの例文についてと同様の順序で，その形式化をみてみよう．

　　　　　例文3：　　John believes that a fish walks.

(1)　構文解析：例文3は図1.5のように構文解析される．

```
                John believe(s) that a fish walk(s)
                                 ↗
                                 believe(s) that a fish walk(s)
            John                              ↗
                         believe(s) that          a fish walk(s)
```

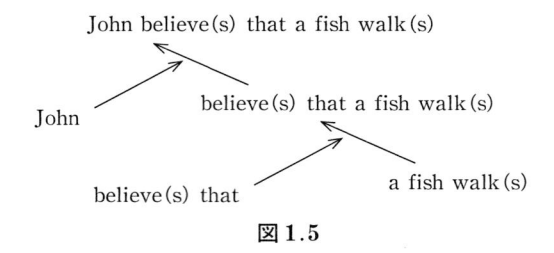

図 1.5

(2) 翻訳規則 4：例文 3 の翻訳に必要となる語句 believe(s) that（ただしここでは全体で一語とみなされる）についての翻訳規則 4 が，次のように与えられる．

    ⟨NL の表現⟩   ⟨λ-h.o.l. の項⟩
    believe(s) that ⟶ $believe'_{t\langle et\rangle}$

$believe'$ が $t\langle et\rangle$ タイプの項となることは，上の構文解析からも分かるように，believe(s) that が a fish walk(s) に対応する t タイプの項に作用して，believe(s) that a fish walk(s) に対応する et タイプの項を出力する機能をもつことから明らかであろう．

(3) 例文 3 の形式化：以上より例文 3 は，上の構文解析の結果と翻訳規則 1, 2, 4 および例文 2 の翻訳結果も使って，下記のように少しずつ形式化されていく．すなわち例文 3 は，最終的には，λ-h.o.l. の t タイプの項 (i.e. 式) $believe'_{t\langle et\rangle}(j_e, \exists z_e(fish'_{et}(z_e) \wedge walk'_{et}(z_e)))$ に形式化される．

⟨NL の表現⟩   ⟨λ-h.o.l. の項⟩

believe(s) that a fish walk(s) ⟶ $believe'_{t\langle et\rangle}(\exists z_e(fish'_{et}(z_e)$
             $\wedge walk'_{et}(z_e)))$

John believe(s) that a fish walk(s) ⟶ $(\lambda x_{et}.x_{et}(j_e))$
             $(believe'_{t\langle et\rangle}(\exists z_e(fish'_{et}$
             $(z_e) \wedge walk'_{et}(z_e))))$

         $\xrightarrow[A.3]{}$ $believe'_{t\langle et\rangle}(\exists z_e(fish'_{et}(z_e)$

$$\wedge walk'_{et}(z_e)))(j_e)$$
$$\xrightarrow[(※)]{} believe'_{t<et>}(j_e, \exists z_e(fish'_{et}(z_e) \wedge walk'_{et}(z_e)))$$

なお，λ-h.o.l. の項の変形の最後の部分は，いわゆる「カリー化」(currification) と呼ばれるλ記号について成立する $f(y)(x) = f(x, y) \cdots (※)$ を使っている．とにかくこの変形によって，例文3が内容的には，個体 John と文 a fish walk(s) との間に一方が他方を believe(s) するという関係にある，と理解できることから，この点がごく自然に形式化できてきているといえる．実際，一階の述語論理の式では，個体と文との関係を表わす形などは認められておらず，この辺からも λ-h.o.l. の表現力の豊かさを垣間見ることができる．

カ リ ー 化

λ-h.o.l. をはじめ，λ記号が登場する論理では，一般に，

$$f(x, y) = f(y)(x) \quad\quad (※)$$

が成立する．(※) は，二変数関数が二つの一変数関数で表わされること，またその逆も可能であることを示しており，すでに触れたように通常カリー化と呼ばれる関係である．以下(※)が成立する事情を確認しておこう．

まず $f(x, y)$ の y を固定してみる．そして x から $f(x, y)$ への関数を $g(y)$ とおく．すなわち，

$$g(y) = \lambda x.f(x, y) \quad \cdots (1)$$

である．

次に $g(y)$ の y を動かしてみる．すなわち y から $g(y)$ への関数 g を次のように考える．

$$g = \lambda y.g(y) \quad \cdots (2).$$

すると，(1), (2)より，

$$g = \lambda y. \lambda x. f(x, y) \quad \cdots (3)$$

が成立する．ここで f が x, y から $f(x, y)$ への関数であること，および (3) より，g が x, y から $f(x, y)$ への関数であることに注意すると，

$$f = g \quad \cdots (4)$$

が成立する．また一方で，

$$g(y)(x) = (\lambda x. f(x, y))(x) \quad ((1) による)$$
$$= f(x, y) \quad (\lambda 記号の基本性質)$$

であり，さらにここに (4) を適用すると，目ざしていた関係 $f(y)(x) = f(x, y)$ が得られてくる．

NL 断片の形式化（その 4）

次の例文は，NL で最も基本的な語といえる be 動詞を含む例文である．いままでの例文と同様の順序でその形式化をみてみる．

例文 4： Marry is a woman.

(1) 構文解析：例文 4 は図 1.6 のように構文解析される．

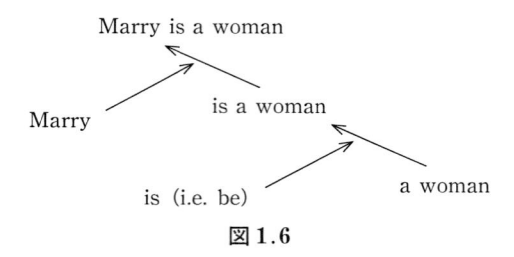

```
            Marry is a woman
                  ↗
         Marry         is a woman
                            ↗
                   is (i.e. be)    a woman
```

図 1.6

(2) 翻訳規則 5：be 動詞についての翻訳規則 5 が次のように与えられる．

〈NL の表現〉　　　〈λ-h.o.l. の項〉

be　　⟶　　$\lambda z_{<et>t}. \lambda x_e. (z_{<et>t}(\lambda y_e. (y_e = x_e)))$

§1.4 略式モンタギュー文法

(3) 例文 4 の形式化：例文 4 は上の構文解析の結果と翻訳規則 1，2，3，5 を使って，下記のように少しずつ形式化されていく．すなわち例文 4 は，最終的には，λ-h.o.l. の t タイプの項（i.e. 式）$woman'_{et}(m_e)$ に形式化される．なお，下記の形式化の途中では，$woman'_{et}$ を w'_{et} と略記して展開している．

⟨NL の表現⟩　　　⟨λ-h.o.l. の項⟩

a woman　$\longrightarrow$　$\lambda u_{et}.(\exists v_e(woman'_{et}(v_e) \wedge u_{et}(v_e)))$

be a woman　$\longrightarrow$　$(\lambda z_{\langle et \rangle t}.\lambda x_e.(z_{\langle et \rangle t}(\lambda y_e.(y_e=x_e))))$
$(\lambda u_{et}.(\exists v_e(w'_{et}(v_e) \wedge u_{et}(v_e))))$

$\xrightarrow{A.3}$　$\lambda x_e.((\lambda u_{et}.(\exists v_e(w'_{et}(v_e) \wedge u_{et}(v_e))))$
$(\lambda y_e.(y_e=x_e)))$

$\xrightarrow{A.3}$　$\lambda x_e.(\exists v_e(w'_{et}(v_e) \wedge (\lambda y_e.(y_e=x_e))(v_e)))$

$\xrightarrow{A.3}$　$\lambda x_e.(\exists v_e(w'_{et}(v_e) \wedge (v_e=x_e)))$

Marry　$\longrightarrow$　$\lambda z_{et}.z_{et}(m_e)$

Marry is a woman

$\longrightarrow$　$(\lambda z_{et}.z_{et}(m_e))(\lambda x_e.(\exists v_e(w'_{et}(v_e) \wedge (v_e=x_e))))$

$\xrightarrow{A.3}$　$(\lambda x_e.(\exists v_e(w'_{et}(v_e) \wedge (v_e=x_e))))(m_e)$

$\xrightarrow{A.3}$　$\exists v_e(w'_{et}(v_e) \wedge (v_e=m_e))$

$\xrightarrow{(\#)}$　$woman'_{et}(m_e)$

注意　(#) の部分は，よく知られた論理規則 $\exists x_e(A_{et}(x_e) \wedge x_e=c_e) \iff A_{et}(c_e)$ を使っている．

以上で例 4 の形式化は終了しているが，ここで be 動詞に対応する λ-h.o.l. の $\langle\langle et \rangle t \rangle\langle et \rangle$ タイプの項 $\lambda z_{\langle et \rangle t}.\lambda x_e.(z_{\langle et \rangle t}(\lambda y_e.(y_e=x_e)))$ について，少々説明を添えておこう．

(1) そのタイプについて．上の構文解析からも明らかなように，be 動詞は固有名や限定詞＋普通名詞の各々に付加されて，一つの述語を形成する機能がある．したがって，固有名や限定詞＋普通名詞に対応する項が $\langle et \rangle t$

タイプであること，また述語に対応する項が et タイプであることから，be 動詞には，$\langle et \rangle t$ タイプから et タイプへの関数のタイプ $\langle\langle et \rangle t \rangle \langle et \rangle$ をもつ項が対応づけられてくる．

(2) その形について．1) まず be 動詞に対応する項に固有名などに対応する $\langle et \rangle t$ タイプの項 $z_{\langle et \rangle t}$ を入力したとき，そこから出力される et タイプの項 A_{et} が，どのような形となるかを考えてみよう．とくに A_{et} に含まれる t タイプの項はどのようなものであろうか．しかしそれは，$z_{\langle et \rangle t}$ と結合して t タイプの項となることから，$z_{\langle et \rangle t}(B_{et})$ なる形をした t タイプの項といえる．したがって問題の A_{et} は $\lambda x_e.z_{\langle et \rangle t}(B_{et})$ と考えられる．

2) 次に，上の B_{et} はどのような形となるかを考えてみよう．とくに B_{et} に含まれる t タイプの項，すなわち e タイプの入力 y_e に対して出力となる t タイプの項は，どのようなものであろうか．しかしそれは，be 動詞が内容的には対象間の同一性（差し当りは個体間の同一性）を表現することから，$y_e = x_e$ の形をした t タイプの項といえる．したがって問題の B_{et} は，$\lambda y_e.(y_e = x_e)$ と考えられる．

3) すると以上より，入力 $z_{\langle et \rangle t}$ に対して出力する項は，$\lambda x_e.z_{\langle et \rangle t}(\lambda y_e.(y_e = x_e))$ と考えられる．すなわち be 動詞に対応する項は，結局先に示したように，$\lambda z_{\langle et \rangle t}.\lambda x_e.(z_{\langle et \rangle t}(\lambda y_e.(y_e = x_e)))$ という形となってくる．

参考 ―機械翻訳―

この § では，いくつかの NL 断片の λ-h.o.l. への形式化を，略式モンタギュー文法と称して眺めてみた．しかしもとより本格的なモンタギュー文法では，はじめにも触れたように，NL 断片に対しては，λ-h.o.l. に様相や内包的な要素をも追加した内包論理への形式化が試みられている．すなわち本格的なモンタギュー文法は，きわめて複雑な内容となっている．

しかしその結果モンタギュー文法は，自然言語の論理的構造への理解を深めることに，大いに寄与している．また一方でモンタギュー文法は，異なった自然言語間の計算機による機械翻訳にも，大いに貢献している．むしろこちらの方が，クローズ・アップされることが多いかもしれない．実際，次の

二つの事柄(1)，(2)および各々の逆方向の可能性（本書ではこの点は全く触れられていない）に注目するとき，異なった NL 間の機械翻訳が原理的に可能であることは，容易に納得できてくる．

(1) モンタギュー文法においては，略式モンタギュー文法からも分かるように，NL 断片に対する内包論理（i.e. λ-h.o.l. ＋内包的諸要素）への各種の翻訳規則が，機械的なまでに整えられている．

(2) モンタギュー文法で第一の要点となる構文解析についても，今日ではモンタギュー文法とは独立に数理言語理論（本書では全く言及していない）として確立しており，与えられた NL 断片に対してその構文解析が機械的に出力されるまでになっている．

とにかくこのようにモンタギュー文法は，なかなか広い射程をもつ理論といえる．しかし本書では，あくまでも λ-h.o.l. の応用例として，またしばしば強調したように λ-h.o.l. が豊かな表現力をもつ論理であることの一端を垣間見るために，この §1.4 で少しばかりモンタギュー文法をも取り上げてみた．

なお念のために，異なった NL 間の翻訳関係についてのイメージ図を，最後に図 1.7 として添えておく．

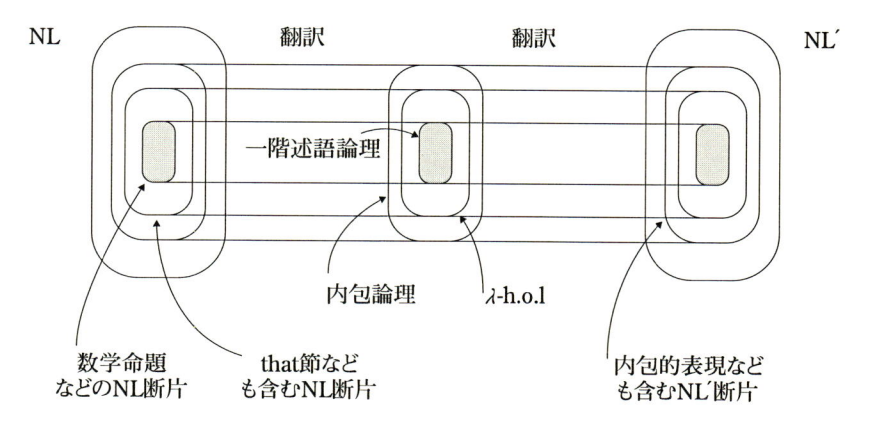

図 1.7

§1.5† 高階論理 λ-h.o.l. の拡張

先の §1.2，§1.3 では λ-h.o.l. の中核となる部分について眺めてみた．しかし，様相的，内包的な面は別としても，さらに表現力をもつ論理として展開していくには，先の公理 A.1〜A.4 に新たな公理を加えていく必要がある．そこでこの § では，λ-h.o.l. のこのような拡張として，記述子を含む拡張 λ-h.o.l.$^+$ および自然数を含む拡張 λ-h.o.l.$^{++}$ について，少しばかりみておく．

記述子を含む λ-h.o.l.$^+$

記述（i.e. 確定記述 definite description）とは，A を任意の述語として，「A なる条件をみたす唯一のもの」を指示する表現のことで，一階の述語論理では通常，記述子 ι を使って $\iota x A x$ と表わされる．では，λ-h.o.l. においては，これに相当する $\iota x_\alpha A_{\alpha t} x_\alpha$ は，どのように定義されるか，以下この点をみていく．

$\iota x_\alpha A_{\alpha t} x_\alpha$ の定義に当ってはまず，§1.2，§1.3 の λ-h.o.l. では，論理常項が $=_{\alpha<\alpha t>}$ のみであったが，それに加えて $\iota_{<\alpha t>\alpha}$ なる論理常項を新たに追加する必要がでてくる．と同時に，この $\iota_{<\alpha t>\alpha}$ に対しての公理として，先の公理 A.1〜A.4 に新たに次の A.5 が加えられる必要がでてくる．

A.5 $\iota_{<\alpha t>\alpha}(=_{\alpha<\alpha t>} y_\alpha) = y_\alpha$

注意 $\iota_{<\alpha t>\alpha}$ は，αt タイプなる述語といえる項から α タイプの項を対応させる論理常項である．したがって，$=_{\alpha<\alpha t>}$ が，α タイプの項から αt タイプなる述語といえる項を対応させる論理常項であることから，$\iota_{<\alpha t>\alpha}$ は $=_{\alpha<\alpha t>}$ の逆の対応を与えるものとなっている．

次に，このように λ-h.o.l. を拡張したものを改めて λ-h.o.l.$^+$ と表記した上で，この λ-h.o.l.$^+$ で新たに成立する定理（T$^+$. と表記）を，二つほど提示

§1.5† 高階論理 λ-h.o.l. の拡張

しておく．

T$^+$.1　　$\vdash \forall z_\alpha(A_{\alpha t}z_\alpha=(y_\alpha=z_\alpha))\supset \iota_{<\alpha t>\alpha}A_{\alpha t}=y_\alpha$

証明

$\forall z_\alpha(A_{\alpha t}z_\alpha=(y_\alpha=z_\alpha))$ を B_t とおく．

(1)　$B_t \vdash \forall z_\alpha(A_{\alpha t}z_\alpha=(y_\alpha=z_\alpha))$　　　　　　　　　　　　$B_t\vdash B_t$
(2)　$B_t \vdash A_{\alpha t}=(=y_\alpha)$　　　　　　　　　　　　　　　　(1), A.2, R$_\Gamma$
(3)　$\vdash \iota_{<\alpha t>\alpha}(=y_\alpha)=y_\alpha$　　　　　　　　　　　　　　　　　　A.5
(4)　$B_t \vdash \iota_{<\alpha t>\alpha}A_{\alpha t}=y_\alpha$　　　　　　　　　　　　　　　(2), (3), R$_\Gamma$
(5)　$\vdash B_t \supset \iota_{<\alpha t>\alpha}A_{\alpha t}=y_\alpha$　　　　　　　　　　　　(4), DT　□

T$^+$.2 の前に定義を一つ与えておく．

定義（一意的存在）

$\exists_1 x_\alpha A_{\alpha t}x_\alpha \underset{\mathrm{df}}{\iff} (\lambda z_{\alpha t}.\exists y_\alpha(z_{\alpha t}=(=y_\alpha)))A_{\alpha t}$
　　　　　　　　　(i.e. $\exists y_\alpha(A_{\alpha t}=(=y_\alpha))$).　　　　　　　　　□

注意　$\exists_1 x_\alpha A_{\alpha t}x_\alpha$ は，$A_{\alpha t}$ なるものが一意的に存在することを表わしている．なお通常の一階の述語論理では，$\exists_1 xAx \underset{\mathrm{df}}{\iff} \exists x(Ax \wedge \forall y(Ay\supset y=x))$ と定義される．

T$^+$.2　　$\vdash \exists_1 y_\alpha A_{\alpha t}y_\alpha \supset A_{\alpha t}(\iota_{<\alpha t>\alpha}A_{\alpha t})$

証明

$A_{\alpha t}=(=y_\alpha)$ を B_t とおく．

(1)　$B_t \vdash A_{\alpha t}=(=y_\alpha)$　　　　　　　　　　　　　　　　$B_t\vdash B_t$
(2)　$B_t \vdash A_{\alpha t}y_\alpha=(y_\alpha=y_\alpha)$　　　　　　　　　　　(1), A.2, R$_\Gamma$
(3)　$B_t \vdash A_{\alpha t}y_\alpha$　　　　　　　　　　　　　　　　　　(2), T.7, R$_\Gamma$
(4)　$B_t \vdash A_{\alpha t}(\iota_{<\alpha t>\alpha}(=y_\alpha))$　　　　　　　　　　　(3), A.5, R$_\Gamma$
(5)　$B_t \vdash A_{\alpha t}(\iota_{<\alpha t>\alpha}A_{\alpha t})$　　　　　　　　　　　　(1), (4), R$_\Gamma$
(6)　$\vdash B_t \supset A_{\alpha t}(\iota_{<\alpha t>\alpha}A_{\alpha t})$　　　　　　　　　　(5), DT

(7) $\vdash \exists y_a B_t \supset A_{at}(\iota_{<at>a}A_{at})$ (6), T.25

   (i.e. $\vdash \exists y_a(A_{at}=(=y_a))\supset A_{at}(\iota_{<at>a}A_{at}))$

(8) $\vdash \exists_1 y_a A_{at}y_a \supset A_{at}(\iota_{<at>a}A_{at})$ (7), $\exists_1$ の定義 □

以上の新たな論理常項 $\iota_{<at>a}$ を使うと記述子 $\imath$ は，改めて次のように定義されてくる．

定義（記述子）
$\imath x_a A_{at}x_a \underset{\mathrm{df}}{\equiv} \iota_{<at>a}A_{at}.$
$\imath x_a B_t \underset{\mathrm{df}}{\equiv} \iota_{<at>a}(\lambda x_a.B_t).$ □

  注意 通常の一階の述語論理では，$\imath xAx$ は，下記のように $\imath xAx$ を含む命題を考えた上で，記述の理論を介して定義されるのに比べ，λ-h.o.l.$^+$ ではきわめて直接的に定義されることが分かる．

$$B\imath xAx \underset{\mathrm{df}}{\Longleftrightarrow} \exists x(Bx \wedge Ax \wedge \forall y\ (Ay \supset y=x)).$$

自然数を含む λ-h.o.l.$^{++}$

理論的な世界を表現していくためには，その論理は，種々の数概念を十分取り扱えるものであることが必要である．とりわけ種々の数概念の出発点となる自然数を表現し，処理できることが，そうした論理にとっては，不可欠である．しかし先の §1.2，§1.3 での λ-h.o.l. では，その点で不十分である．そこで自然数を取り扱うためには，λ-h.o.l.$^+$ にさらに新たな常項と公理を加えて λ-h.o.l. を拡張しなければならない．以下この辺のところをみていく．

  まず新たに n タイプの項を導入する．これは，内容的には，基礎領域として D_e，D_t のほかに自然数の集合（0 をも含む）ω（$=D_n$）を加え，その領域の要素（i.e. 自然数）を指示する項となっている．

  つづいて，新たな常項として 0_n と s_{nn} を導入し，加える．したがって当然それに伴って，下記の三つの公理 A.6〜A.8 が新たに追加される．

§1.5† 高階論理 λ-h.o.l. の拡張

A.6 $\forall x_n \neg (s_{nn}x_n = 0_n)$
A.7 $\forall x_n \forall y_n (s_{nn}x_n = s_{nn}y_n \supset x_n = y_n)$
A.8 $\forall z_{nt}((z_{nt}0_n \wedge \forall x_n(z_{nt}x_n \supset z_{nt}(s_{nn}x_n))) \supset \forall x_n z_{nt}x_n)$

なお，このように拡張された λ-h.o.l. を今後 λ-h.o.l.$^{++}$ と表記していく．

注意 1) 内容的には，0_n は自然数 0 を指示し，s_{nn} はいわゆる後者関数 successor（i.e. +1）を指示している．よって A.6 は，0 が決して何らかの数の後者にならない数である（i.e. 0 が最小の自然数である）ことを表わしている．

2) A.7 は，その対偶 $\neg(x_n = y_n) \supset \neg(s_{nn}x_n = s_{nn}y_n)$ から明らかなように，s_{nn} が単射（i.e. 一対一対応）であることを表わしている．また A.8 は，z_{nt} が自然数についてのある述語を指示していることから，自然数については数学的帰納法が成立することを表わしている．

3) 上の 1)，2) より，A.6〜A.8 は自然数についてのいわゆるペアノ Peano の要請（i.e. 公理）と呼ばれる事柄に対応したものとなっている．

また，A.6〜A.8 によって規制された 0_n と s_{nn} を使うと，改めて自然数の集合 ω に相当する λ-h.o.l.$^{++}$ での常項 ω_{nt} が，次のように定義されてくる．

定義（常項 ω_{nt}）
$$\omega_{nt} \underset{\mathrm{df}}{=} \lambda x_n.(\forall z_{nt}((z_{nt}0_n \wedge \forall y_n(z_{nt}y_n \supset z_{nt}(s_{nn}y_n))) \supset z_{nt}x_n)). \qquad \square$$

注意 自然数を λ-h.o.l. 上で取り扱う方法として，上記したものとは別に，自然数を導入することも可能である．たとえば，原始的なものとしてはあくまでも e タイプと t タイプの項のみを使っていく方法で，この場合まずは，et タイプの項（i.e. 集合）間に同等 equipollence という同値関係が定義され，その上で考えられる同値類の各々を一つの自然数として捉える，という考え方である．すなわち各自然数を集合の集合として捉える方法である．

なおこの方法では，0_n や s_{nn} は各々定義されるものとなる．しかしこの s_{nn} がペアノの要請で要求される単射性をもつためには，やはり λ-h.o.l. の範囲では十分ではなく，新たな公理の追加が必要となる．すなわちペアノの要請をみたすような自然数を取り扱うためには，どうしても λ-h.o.l. を拡張しなければな

らなくなる．

λ-h.o.l.$^{++}$ における帰納

自然数については次に，自然数上で定義され，その値も自然数となる種々の関数（i.e. 自然数についての種々の演算）を，どのように導入するかが問題となる．

この問題に対して，通常の場合，その多くがいわゆる「帰納」(recursion) と呼ばれる方法によって定義されることは，よく知られている．すなわち関数 g, h がすでに定義されたものとして与えられているとき，新たな関数 f は次のような仕方で定義される．

$$\begin{cases} f(x, 0) = g(x) \\ f(x, y+1) = h(x, y, f(x)) \end{cases} \quad (※)$$

たとえば，加法 $x+y$ i.e. $+(x, y)$ は，

$$\begin{cases} +(x, 0) = x \\ +(x, y+1) = +(x, y)+1 \end{cases}$$

と定義される．

また乗法 $x \times y$ i.e. $\times(x, y)$ は，

$$\begin{cases} \times(x, 0) = 0 \\ \times(x, y+1) = +(x, \times(x, y)) \end{cases}$$

と定義される．

さらにまた，与えられた x に対して，$x>0$ のとき $x-1$ なる x の直前の値を，$x=0$ のとき 0 を与える「前者関数」(predessor) と呼ばれる $pd(x)$ は，

$$\begin{cases} pd(0) = 0 \\ pd(x+1) = x \end{cases}$$

と定義される．いずれも（※）の特殊な場合となっていることは，明らかである．

さてそれでは，λ-h.o.l.$^{++}$ では，自然数についての種々の演算はどのよう

§1.5† 高階論理 λ-h.o.l. の拡張

に導入されるであろうか．実は λ-h.o.l.$^{++}$ も，上記した通常の場合にならって，やはり帰納によって定義されることが多い．しかし λ-h.o.l.$^{++}$ における帰納による定義は，g, h がすでに与えられた関数とし，そこから定義される関数を f としたとき，$f = Rhg$ となるような帰納作用子 R が，まず予め次のように定義され，さらにこの R について成立する定理を踏まえて実行される．

定義（帰納作用子）
$\lambda h_{n<nn>}.\lambda g_n.\lambda k_n.\imath l_n \forall u_{n<nt>}(u_{n<nt>}0_n g_n \wedge \forall x_n \forall y_n(u_{n<nt>}x_n y_n \supset u_{n<nt>}(s_{nn}x_n)h_{n<nn>}x_n y_n) \supset u_{n<nt>}k_n l_n)$ は，「帰納作用子」(recursion operator) と呼ばれ，記号 $R_{<n<nn>><n<nn>>}$ と表わされる． □

注意 1) 上の $u_{n<nt>}$ は，いま仮に f_{nn} が定義される関数となっている場合，$f(\ )=$ のことであり，したがって $u_{n<nt>}x_n y_n$ は，$f_{nn}(x_n)=y_n$ に相当している．
2) $\imath l_n$ の $\imath$ は，λ-h.o.l.$^+$ で先に定義した記述子である．
3) また 0 変数の関数 g は，ある自然数自体となっている．よって g_n となる．
4) 内容的には上の定義が，上の 1) などを考え合わせるとき，あくまでも通常の場合における帰納による定義を踏まえたものであることは，明らかであろう．

つづいて，このように定義された帰納作用子 R について成立する基本的な定理を提示しよう．

T^{++}.1 $\vdash (R_{<n<nn>><n<nn>>}h_{n<nn>}g_n)0_n = g_n \wedge$
$\quad\quad \forall z_n((Rh_{n<nn>}g_n)(s_{nn}z_n) = h_{n<nn>}z_n((Rh_{n<nn>}g_n)z_n))$

証明
略． □

注意 上の定理の証明は少々長くなるので省略し，参考文献に譲ることにする．なお参考文献としては，たとえば本書の〈おわりに〉に掲げた文献 [1] pp. 222-224 などがある．

次に，この R を使った加法 $+_{n<nn>}$，乗法 $\times_{n<nn>}$ の定義をみておこう．

(1) $+_{n<nn>}$ について．
$$+_{n<nn>} \underset{\text{df}}{=} R_{<n<nn>><n<nn>>}(\lambda x_n.s_{nn}).$$

実際，このように $+_{n<nn>}$ が定義されるとき，上の $T^{++}.1$ から直ちに次の $T^{++}.2$ が成立することから，この定義が，先の通常の場合における帰納による定義に対応したものであることは，明らかである．

$T^{++}.2 \quad \vdash k_n+0=k_n \wedge \forall z_n(k_n+(s_{nn}z_n)=s_{nn}(k_n+z_n))$
  なお，k_n+l_n は $+_{n<nn>}k_n l_n$ である．

(2) $\times_{n<nn>}$ について．
$$\times_{n<nn>} \underset{\text{df}}{=} \lambda k_n.(R_{<n<nn>><n<nn>>}(\lambda x_n.(+_{n<nn>}k_n))0_n).$$

実際，このように $\times_{n<nn>}$ が定義されるとき，上の $T^{++}.1$ から直ちに次の $T^{++}.3$ が成立することから，これまたこの定義が，先の通常の場合における帰納による定義に対応したものであることは，明らかである．

$T^{++}.3 \quad \vdash k_n \times 0=0 \wedge \forall z_n(k_n \times (s_{nn}z_n)=k_n+(k_n \times z_n))$
  なお，$k_n \times l_n$ は $\times_{n<nn>}k_n l_n$ である．

以上，λ-h.o.l. の拡張の一例として，自然数の世界をも表現し，取り扱うことが可能となるようにした λ-h.o.l.$^{++}$ について，その入口部分を簡単に眺めてみた．

参考 ―内包論理への拡張―

自然言語 NL には代入の不透明性 opacity が存在する．たとえば，A fish walks と Cicero is Tully とが同じ真理値をもっていても，§1.4 の John

§1.5† 高階論理 λ-h.o.l. の拡張

believes that a fish walks の that 節内に，Cicero is Tully を代入することはできない．また NL には，必然性や可能性などの種々の様相表現も，多く含まれている．そこで NL を λ-h.o.l. に翻訳するためには，これらの NL がもつ性格なども，それなりに捉え得るように，λ-h.o.l. を拡張することが必要となる．すなわちモンタギュー文法にとっては，λ-h.o.l. をいわゆる「内包論理」(intensional logic)（以下 IL と略記）へ拡張することが必要となる．しかしいま，IL を立ち入った仕方で取り上げる余裕はない．ここでは，IL の考え方の要点となる (1) 内包と外延，および (2) 内包と外延の取り扱い方について，ごく簡単に触れるにとどめておく．

(1) 記号の内包と外延

言語の中心に位置する記号または記号列（以下，単に記号と呼ぶ）については，記号がその本質として，何かを指示する，という指示性を必ず保持していることが注目される．すなわち記号は本来的にその意味（i.e. 被指示者）を伴っている．そしてこのことは，どのような場合にもいえることであり，記号自身以外に特に何も見当らない場合でも成立する．ではそのような場合，その記号が指示する被指示者はいかなるものであろうか．答は，当の記号自体である，といえる．すなわちいかなる記号もその第一の意味は，その記号自体であり，「内包」(intension) と呼ばれる意味である．

注意 ここでの内包という用語は，分かり易さのために，少々極端な仕方で使用している．通常は純粋に記号形態にのみに限定せずに，多少幅をもたせて使用される．

ところで記号の意味は，もとよりこの第一の意味がすべてではない．複数個の記号 $A, B, C, \ldots$ が与えられたとき，われわれの知性は，単にそれらを枚挙し眺めるだけではなく，それらを整理し分類しようとする．すなわち何と何とが同一であるかなどを問題にする．しかしその際，$A=A$ は自明であるとしても，異なる記号 A, B 間の同一性 $A=B$ は，記号に第一の意味しかない場合，矛盾以外の何者でもない．では異なる記号 A, B 間の同一

性 $A=B$ とはいかなることなのか．しかしそれは，ある視点あるいは状況 s からみれば，A と B とは同一である（i.e. $A=B$ for s），ということが問題となっていることといえる．たとえば，$7=12$ も，5 で割った余り，という視点からみるとき，7 も 12 も 2 を指示し，その限りにおいて上の同一性が成立している，といえる．このように，記号は同一性との関連から，当の記号自身とは別の被指示者を伴っており，この被指示者が記号の第二の意味であり，「外延」(extension) と呼ばれる意味である．

　結局，記号は内包と外延という二つの意味をもっており，しかもその両者の間には，次のような関係（※）が成立することが明らかとなる．すなわち記号（i.e. 内包）が，視点あるいは状況 s を指定すると，それに伴って一つの外延が決まってくることから，内包と外延の間には，「内包＝視点あるいは状況 s から外延への関数」…（※）が成立する．

(2)　内包と外延の IL での取り扱い

　記号に内包と外延なる二つの意味があることに注意するとき，先の代入の不透明さについて，その問題点が改めてはっきりしてくる．すなわち believe that, know that など多くの that 節においては，内包が問題となっており，外延を同一としている表現であっても，もとの表現に代って別の表現を代入することはできない，といった仕方で問題点が浮彫にされてくる．先の例でいえば，A fish walks と Cicero is Tully は，真理値という外延を両者が同一にもっていても，内包が要求される John believes that——の that 節内では，両者を交換することができない，といった仕方で問題点がはっきり捉えられてくる．

　そこで NL のこのような意味をめぐる事情をなるべく壊わさずに NL を λ-h.o.l. に翻訳するには，当然内包と外延なる二つの意味を共に取り扱えるように λ-h.o.l. を拡張する必要がでてくる．ではそのためには，どのようにしたらよいか．しかしこの問に対しては，上に指摘した関係（※）が，その解答の方向を与えてくれている．すなわちまず視点あるいは状況 s を要素とする集合を新たに基礎領域 D_s と設定し，つづいて，他の領域 D_α の要素を外延と考え，内包となる表現（i.e. 項）を各々 D_s から D_α への関数とし

§1.5' 高階論理 λ-h.o.l. の拡張

て捉えればよい,という方向が示されてくる.簡単にいえば,新たに $\langle s, a \rangle$ なるタイプを追加すればよい,という方向が示されている.と同時にその際,外延ももとより大切であることから,内包と外延を橋渡しする(※)を踏まえた作用子の導入が必要となる.すなわち内包から外延へ,外延から内包への変換を可能にする作用子の導入が,新たに必要となることなどの方向も示されてくる.

なおまた,このように新たに領域 D_s が設定されると,必然性や可能性などの様相表現についても,容易にそれらを捉えることができるようになる.たとえば「A_t は必然的である(i.e. 記号では □ A_t)」は,D_s のすべての s について,A_t は成立する,と捉えることが可能となる.しかも集合 D_s の中に種々の順序構造などを設けるとき,クリプキ(S.A. Kripke)以後の様相論理でよく知られているように,その構造に応じて種々の様相概念を捉えることができるようにもなってくる.

以上(1),(2)において,NL の様相や内包的な側面の翻訳をも考慮した λ-h.o.l. の拡張(i.e. IL)について,その基本となる考え方の要点を眺めてみた.しかしいざ具体的に IL をつくり上げようとなると,NL の複雑さも絡んで技術的にはなかなか難しい問題も生じてくる.しかしここでは,この点については一切省略する.ただモンタギュー文法のオリジナルに近い IL として,本書の〈おわりに〉に掲げた文献[2]などが参考になることを,ひとこと添えておこう.

第2章 ト ポ ス

　第1章では，一階の述語論理より豊かな表現力をもつ関数型古典高階論理 λ-h.o.l. について，それがおおよそいかなるものであるかを概説した．そしてそのキー・ポイントが，表現各々をすべて関数と捉えるところにあること，またそこにこそ豊かな表現力の秘密があることなどを明らかにした．
　ところでこのような λ-h.o.l. とは独立に一方で，集合間の写像をはじめ一般に関数（i.e. 作用）的なものを抽象した矢（i.e. 射）ということを中心に据えた圏と呼ばれる抽象的な言語が考えられていることは，よく知られている．とすると，λ-h.o.l. と圏なる言語の世界との間には，両者とも関数概念を基本としていることから，何らかの対応関係があることが，当然ながら予想されてくる．実際 λ-h.o.l. は，圏の一種であるトポスと呼ばれる言語に対応づけられるのであり，この第2章において，この λ-h.o.l. とトポスとの対応関係を取り上げる．すなわち第2章において，λ-h.o.l. がトポスによって解釈される様子を眺めることにする．そして実はこのことによって，λ-h.o.l. が単に豊かな表現力をもつだけではなく，さらに λ-h.o.l. がわれわれの知性にとって基底的で普遍的な事態と本質的に係わっていることをも，納得する手がかりが与えられるといえる．というのは，λ-h.o.l. が写し込まれるトポスは，第3章で取り上げられる「トポスの基本定理」などが示唆するように，単に抽象的で一般的な言語であるという以上に，われわれの知性にとって基底的で普遍的な事態に根差す言語といえるからである．
　以下，§2.1〜§2.3において，圏およびその一種であるトポスがいかなる

ものであるかを順次解説する．その上で§2.4において，λ-h.o.l. とトポスとの対応関係を眺めることにする．また§2.5では，自然数の世界をも取り扱えるトポスについて，少しばかり取り上げる．

§2.1　圏（その１）

圏の定義

はじめにさっそく圏の定義を与えることにしよう．

定義（圏）
　Ｃにおいて，以下の事柄(1)〜(5)が成立しているとき，Ｃは「圏」(category) と呼ばれる．
　(1) Ｃは，「対象」(object) A, B, C, … と「矢」(arrow) f, g, h, …とから構成されている．
　(2) Ｃの任意の矢 f には，「始域」(domain) と呼ばれる対象 A と，「終域」(codomain) と呼ばれる対象 B とが伴っている．なおこのことは，$\mathrm{dom} f = A$ かつ $\mathrm{cod} f = B$，または $f: A \to B$ と表わされる（さらに，$A \xrightarrow{f} B$ や $A \xrightarrow[f]{} B$ とも表わされる）．
　(3) Ｃの任意の矢 f, g については，$\mathrm{dom} g = \mathrm{cod} f$ のとき，新しい矢 $g \circ f$ が存在する．なお $g \circ f$ は，f と g との「合成」(composite) と呼ばれ，下図のように表わされる．

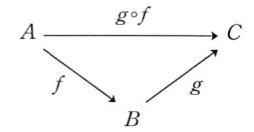

$$\begin{array}{c}
A \xrightarrow{g \circ f} C \\
{}_f \searrow \quad \nearrow {}_g \\
B
\end{array}$$

　(4) Ｃの任意の矢 f, g, h については，$A \xrightarrow{f} B \xrightarrow{g} C \xrightarrow{h} D$ のとき，$h \circ (g \circ f) = (h \circ g) \circ f$ が成立する．
　(5) Ｃの任意の対象 B には，$f = \mathrm{id}_B \circ f$ かつ $g = g \circ \mathrm{id}_B$ をみたす矢 id_B が存

§2.1 圏（その1） 57

在する．すなわち下図をみたす矢 id_B が存在する．

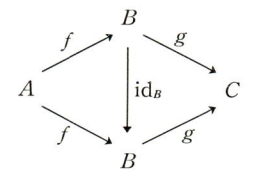

$$\begin{array}{c} & B & \\ {}^f\nearrow & \downarrow {}^g\searrow & \\ A & \mathrm{id}_B & C \\ {}_f\searrow & \downarrow {}_g\nearrow & \\ & B & \end{array}$$

なお矢 id_B は，1_B とも表わされ，「同一矢」(identity) と呼ばれる． □

注意 1）矢は「射」(morphism) とも呼ばれる．
2）$\mathbf{C}$ を構成する対象たちの集まり全体が，集合であるか否かが問題となることがある．しかし本書では，この点については，特別に言及することはしない．

圏 の 例

上記の定義をみたす事態は，その定義がきわめて抽象的であることからも予想されるように，多くの場面で見出せる．ここではごく身近なものを四つほど掲げておく．

(1) 対象 $A, B, C, \cdots$ を各々集合とし，矢 $f, g, h, \cdots$ を各々集合間の写像とするとき，それらは一つの圏を構成する．なおこの圏は，「集合の圏」(category of sets) と呼ばれ，記号 Set で表わされる．

(2) 対象 $A, B, C, \cdots$ を各々群とし，矢 $f, g, h, \cdots$ を各々群の間の準同型写像とするとき，それらは一つの圏を構成する．なおこの圏は，「群の圏」(category of groups) と呼ばれ，記号 Grp で表わされる．

(3) 対象 $A, B, C, \cdots$ を各々位相空間とし，矢 $f, g, h, \cdots$ を各々位相空間の間の連続写像とするとき，それらは一つの圏を構成する．なおこの圏は，「位相空間の圏」(category of topological spaces) と呼ばれ，記号 Top で表わされる．

(4) 対象 $A, B, C, \cdots$ を各々，半順序 $\leq$ が定義されている半順序集合の要素とし，矢 $f, g, h, \cdots$ を各々要素間の半順序 $\leq$ とするとき，それらは一つの圏を構成する．なおこの圏は，「半順序圏」(partial order catego-

ry) と呼ばれ，記号 Po で表わされる．

注意 Grp や Top は以下で言及されることはほとんどない．Set は今後しばしば言及される．

モノ，エピ，アイソ

圏の定義と例につづいて，圏について議論していく上で，是非必要となる種々の基礎概念を少しずつ導入していく．まずモノ，エピ，アイソという矢の性格に関しての定義を取り上げよう．ただしその際，各々の定義に登場する A, B, C は，ある一つの圏 C の対象とし，f, g, h もその同じ圏 C の矢とする．

定義（モノ）
$C \underset{h}{\overset{g}{\rightrightarrows}} A \overset{f}{\longrightarrow} B$ なる任意の C, g, h について，$f \circ g = f \circ h \Rightarrow g = h$ が成立するとき，矢 $f: A \to B$ は「モノ」(mono) と呼ばれる．なお f がモノであることは，$f: A \rightarrowtail B$ なる記号で表わされることもある． □

注意 以下ではモノを片仮名ではなく，mono と表記していく．

mono の意味内容を身近にするために，Set の場合で見てみよう．そのために $x \in C$ とし，その上で f が mono となる上記した条件の対偶をとってみる．すると，f が mono であることは，$g(x) \neq h(x) \Rightarrow f \circ g(x) \neq f \circ h(x)$ ということであり，$g(x)$ と $h(x)$ という A の異なった要素各々に対して，f が B の異なった要素 $f \circ g(x)$ と $f \circ h(x)$ を対応させる写像であることが分かる．すなわち f は一対一対応となる写像である．したがって圏 C の矢 f が mono であることは，内容的には f が，集合間の通常「単射」(mono morphism) と呼ばれている写像から抽象した性格をもつことを意味している．

また Set の場合のこの同じ状況から直ちに明らかになることであるが，$f: A \to B$ が単射のとき，A の要素が B の一部分の要素に一対一に対応づ

けられることから，この f は A が B の部分集合となっていることをも表わしている．そこでこの点を踏まえ抽象化するとき，圏 $\mathbf{C}$ の mono なる矢 f には，次の定義が付随してくる．

定義（部分対象）
矢 $f: A \to B$ が mono である（i.e. $f: A \rightarrowtail B$）とき，A は B の「部分対象」(subobject) と呼ばれる． □

定義（エピ）
$A \xrightarrow{f} B \underset{h}{\overset{g}{\rightrightarrows}} C$ なる任意の C, g, h について，$g \circ f = h \circ f \Rightarrow g = h$ が成立するとき，矢 $f: A \to B$ は「エピ」(epi) と呼ばれる．なお f がエピであることは，$f: A \twoheadrightarrow B$ なる記号で表わされることもある． □

注意 1) 以下ではエピを片仮名ではなく，epi と表記していく．
2) epi の定義は，mono の定義における矢の向きを逆にした形になっており，また矢の合成の順序を入れ換えた形になっている．

矢 f が epi であることは，内容的には f が，Set の場合に見出せる集合間の通常「全射」(epimorphism) と呼ばれる写像（i.e. $\forall y \in B \, \exists x \in A (y = f(x))$）から抽象した性格をもつことを意味している．
なおここで mono と epi についての簡単な定理を一つ添えておく．

定理1 $\mathbf{C}$ を圏とし，f, g を各々 $f: A \to B$, $g: B \to C$ なる $\mathbf{C}$ の矢とする．このとき，次の (1)〜(4) が成立する．
(1) $g \circ f$ が mono であるなら，f は mono である．
(2) $g \circ f$ が epi であるなら，g は epi である．
(3) f, g が各々 mono であるなら，$g \circ f$ は mono である．
(4) f, g が各々 epi であるなら，$g \circ f$ は epi である．

証明 (1) まず $h, k: D \to A$ として，$f \circ h = f \circ k$ と仮定する．すると $g \circ$

$f\circ h=g\circ f\circ k$ である.一方 $g\circ f$ は mono ゆえ,$g\circ f\circ h=g\circ f\circ k$ なら $h=k$ である.よって上の仮定のもとで,$h=k$ を得る(i.e. f は mono である).

(2) まず $h,k:C\to E$ として,$h\circ g=k\circ g$ と仮定する.すると $h\circ g\circ f=k\circ g\circ f$ である.一方 $g\circ f$ は epi ゆえ,$h\circ g\circ f=k\circ g\circ f$ なら $h=k$ である.よって上の仮定のもとで,$h=k$ を得る(i.e. g は epi である).

(3),(4) 略. □

定義(アイソ)
$f:A\to B$ について $g:B\to A$ が存在して,$g\circ f=\mathrm{id}_A$ かつ $f\circ g=\mathrm{id}_B$ が成立するとき,矢 $f:A\to B$ は「アイソ」(iso)と呼ばれる.なお上の g は f^{-1} と表わされることもある. □

注意 1) 以下ではアイソを片仮名ではなく,iso と表記していく.
2) f が iso であれば,f^{-1}(i.e. g) も iso であることは,定義から明らかである.

なおここで iso についての定理を一つ添えておく.

定理 2 $\mathbb{C}$ を圏とし,f を $f:A\to B$ なる $\mathbb{C}$ の矢とする.このとき,f が iso であるなら,f は mono かつ epi である.

証明 はじめに iso の定義により,f が iso であるなら,$f^{-1}:B\to A$ が存在して,$f^{-1}\circ f=\mathrm{id}_A$ かつ $f\circ f^{-1}=\mathrm{id}_B$ であることに注意する.

その上でまず,$h,k:C\to A$ として,$f\circ h=f\circ k$ と仮定する.すると $h=\mathrm{id}_A\circ h=f^{-1}\circ f\circ h=f^{-1}\circ f\circ k=\mathrm{id}_A\circ k=k$ である.すなわち上の仮定のもとで,$h=k$ を得る(i.e. f は mono である).

次に,$h,k:B\to D$ として,$h\circ f=k\circ f$ と仮定する.すると $h=h\circ\mathrm{id}_B=h\circ f\circ f^{-1}=k\circ f\circ f^{-1}=k\circ\mathrm{id}_B=k$ である.すなわち上の仮定のもとで,$h=k$ を得る(i.e. f は epi である). □

ところで Set の場合では，f が iso であることは，集合間の通常「全単射」(bijection) と呼ばれる写像に相当する．すなわち Set では，mono かつ epi であることと，iso であることは同等である．しかし圏一般においては，上の定理 2 が成立しても，その逆は不成立のこともある．圏一般においては，mono かつ epi であることと，iso であることとは同等ではない．

またここで iso に関連した事柄として，さらに同型ということの定義も添えておこう．

定義（同型）
矢 $f : A \to B$ が iso のとき，対象 A と B とは「同型」(isomorphic) と呼ばれ，記号 $A \cong B$ で表わされる．　　　□

部　分　矢

矢に関連した事柄として，次に部分矢の定義を与える．部分矢は，この第 2 章で登場することはないが，第 3，4 章で問題となってくる．また定義に登場する A，B，C は各々ある一つの圏 C の対象とし，f，g も各々その同じ圏 C の矢とする．

定義（部分矢）
矢 $f : C \to B$ および mono なる矢 $g : C \rightarrowtail A$ が与えられているとする．このとき，f と g とからなる対 (f, g) は，A から B への「部分矢」(partial arrow) と呼ばれ，記号 $f : A \rightsquigarrow B$ で表わされる．　　　□

注意　部分矢 $f : A \rightsquigarrow B$ とは，dom$f$ が必ずしも A ではなく A の部分対象となっている矢のことである．

なお上の定義の状況を念のため図示しておく．

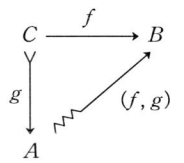

$$
\begin{array}{ccc}
C & \xrightarrow{f} & B \\
{\scriptstyle g}\downarrow & \nearrow {\scriptstyle (f,g)} & \\
A & &
\end{array}
$$

注意 二つの矢 f, g の対を表わす際，（ ）を使った (f, g) と 〈 〉 を使った $\langle f, g \rangle$ がある．以下では，(f, g) は上の定義のとおり部分矢を表わすが，$\langle f, g \rangle$ は後出（§2.2）する積に関連して登場する矢を表わすことになる．両者は全く異なることを注意しておく．

終対象と始対象

つづいて終対象と始対象の定義を取り上げる．ただしここでも，各々の定義に登場する A, B は各々ある一つの圏 C での対象とする．

定義（終対象）
任意の対象 A について，$A \to B$ なる矢が一意的に存在するとき，対象 B は「終対象」(terminal object) と呼ばれ，記号 1 で表わされる．また $A \to 1$ なる一意的な矢は記号 $!_A$ で表わされる（i.e. $!_A : A \to 1$ または $A \xrightarrow{!_A} 1$）．□

Set の場合では，終対象 1 は単一集合 singleton (i.e. 唯一個の要素からなる集合) である．また最大元が存在する半順序集合から考えられる圏 Po の場合では，半順序集合の最大元 B がその集合の任意の要素 A について $A \leq B$ であることから，最大元 B が終対象 1 である．

ところで終対象 1 が定義されると，それに付随して対象の要素ということが定義できてくる．実際 Set の場合，$1 \to A$ という矢は，単一集合の一個の要素から集合 A のある一つの要素を対応させる矢となっている．すなわち $1 \to A$ なる矢は，集合 A の要素に相当してくる．そこでこの状況が一般

化され，終対象 1 が存在する圏については，対象の要素ということが次のように定義される．

定義（要素）
$1 \to A$ なる矢は対象 A の「要素」(element) と呼ばれる． □

定義（始対象）
任意の対象 A について，$B \to A$ なる矢が一意的に存在するとき，対象 B は「始対象」(initial object) と呼ばれ，記号 0 で表わされる．また $0 \to A$ なる一意的な矢も，記号 0_A で表わされる (i.e. $0_A : 0 \to A$ または $0 \xrightarrow{0_A} A$). □

注意　始対象 0 の定義は，終対象 1 の定義における矢の向きを逆にした形になっている．

Set の場合では，始対象 0 は空集合 empty set ϕ (i.e. 要素をもたない集合) である．また最小元が存在する半順序集合から考えられる圏 Po の場合では，最小元が始対象 0 である．

なおここで，矢 0_A に相当する Set の場合での矢 ϕ_A について，ひとこと説明しておく．そのために，空集合は全く要素をもたない集合であるが，いま仮にこのことを，空集合は空要素をもつ，と表わすことにする．すると任意の集合 A は，その集合本来の要素とこの空要素をも，その要素としていることになる．そこで $\phi_A : \phi \to A$ なる矢 ϕ_A は，いまや空集合 ϕ の空要素から集合 A の要素でもある空要素への対応を与える写像である，と理解されてくる．

双対性について

mono と epi および終対象と始対象とは，すでに注意しておいたように，各々互いに矢の向きを逆にした関係になっている．そしてこのことはしばし

ば，monoとepiとは双対（的）である，また終対象と始対象とは双対（的）である，と呼ばれる．そこでこの§の最後に，双対性と双対圏について，その定義のみを参考として示しておこう．

定義（双対）
Sを圏についての何らかの命題とする．このとき，S内におけるdomをcodに，codをdomに換え，また$g \circ f$を$f \circ g$のように矢の合成の順序を変えた命題は，命題Sの「双対」（dual）と呼ばれ，記号S^{op}で表わされる．

また命題S^{op}によって記述されている概念は，対応する命題Sによって記述されている概念の「双対」（dual）と呼ばれる． □

注意 Sの右上の添字opは，双対がoppositeとも呼ばれることによる．

定義（双対圏）
Cを圏として，このCから得られる次の条件(1)〜(3)をみたす圏は，Cの「双対圏」（dual category）と呼ばれ，記号C^{op}で表わされる．
 (1) C^{op}の対象の全体は，Cの対象の全体と同じである．
 (2) C^{op}の矢の全体は，Cの矢の全体と同じである．
 (3) C^{op}で$f: A \to B$であることは，Cで$f: B \to A$であることと同等である． □

なお上記した二つの定義から直ちに明らかなように，命題SがCで成立することと，S^{op}がC^{op}で成立することとは同等である．たとえば，Cでの終対象は，C^{op}では始対象である．

§2.2 圏（その2）

積

§2.1に引きつづきこの §2.2でも，圏についての基礎概念を順次導入していく．まず積を取り上げ，その定義からはじめよう．ただしその際，この定義に登場する対象および矢は，すべてある一つの圏Cに属するものとする．

定義（積）
次の条件 (1), (2) をみたす対象 $A \times B$ がCの中に存在するとき，$A \times B$ は A と B との「積」(product) と呼ばれる．
(1) $A \xleftarrow{\pi_1} A \times B \xrightarrow{\pi_2} B$ なる二つの矢 π_1, π_2 が存在する．
(2) 下図のような C, f, g について，$f = \pi_1 \circ h$ かつ $g = \pi_2 \circ h$ … (*) をみたす矢 h が一意的に存在する．

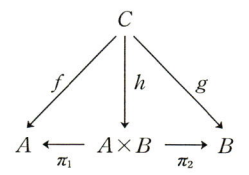

$$\begin{array}{c} & C & \\ f \swarrow & \downarrow h & \searrow g \\ A \xleftarrow{\pi_1} & A \times B & \xrightarrow{\pi_2} B \end{array}$$

なお上記条件をみたす矢 h は，記号 $\langle f, g \rangle$ で表わされる (i.e. $h = \langle f, g \rangle$). □

注意 1) 条件 (2) の (*) が成立しているとき，図は「可換」(commutative) である，と呼ばれる．
2) $A \times B$ は，A, B が与えられたとき，A, B 各々に向う矢 f, g の共通の始域となり得るものの極限的なものである，といえる．

積の意味内容を身近にするために，積の例を二つほどみておこう．
(1) Set の場合．A, B を各々集合として $A \times B$ は，$\{\langle x, y \rangle \mid x \in A$ かつ $y \in B\}$ なる積集合 product set に相当する．実際，条件 (1) の π_1, π_2 は

各々，$\pi_1: A \times B \to A$，$\pi_2: A \times B \to B$ なる射影 projection であり，また $f: C \to A$，$g: C \to B$，$x \in C$ として，条件(2)の $h: C \to A \times B$ は，$h(x) = \langle f(x), g(x) \rangle$ なる写像である．したがって，$\pi_1(h(x)) = f(x)$，$\pi_2(h(x)) = g(x)$ であり，h が（*）をみたしていることは明らかである．

(2) Po の場合．A, B を各々半順序集合 P の要素とするとき，$\{A, B\}$ の下限 infimum（i.e. 最大下界）$A \wedge B$ は，1) $A \wedge B \leq A$, $A \wedge B \leq B$ および 2) $C \leq A$, $C \leq B \Rightarrow C \leq A \wedge B$ をみたすものと定義される．そこでこの状況を圏 Po としてみるとき，P での下限が Po での積に相当していることが分かる．なぜなら上の 1) は，Po としては $A \times B \xrightarrow{\pi_1} A$, $A \times B \xrightarrow{\pi_2} B$ であり，また 2) は，$C \xrightarrow{f} A$, $C \xrightarrow{g} B \Rightarrow C \xrightarrow{h} A \times B$ に他ならないからである．

なおここで，積と §2.1 での mono とについての定理を一つ，後に触れることもあるので記しておく．

定理 1 圏 C において，下図における f が mono であるなら，$\langle f, g \rangle$ も mono である．

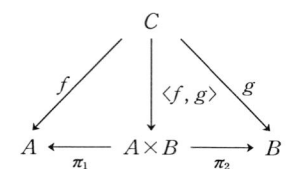

証明 まず h, k を下図におけるような矢とする．

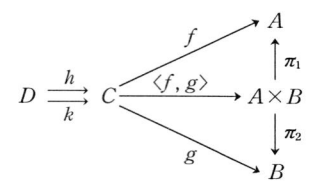

その上で，mono の定義から，$\langle f, g \rangle \circ h = \langle f, g \rangle \circ k \Rightarrow h = k$ となることを示せばよい．そこでそのために，$\langle f, g \rangle \circ h = \langle f, g \rangle \circ k$ と仮定する．すると直ちに，$\pi_1 \circ \langle f, g \rangle \circ h = \pi_1 \circ \langle f, g \rangle \circ k$ であり，また一方で $f = \pi_1 \circ \langle f, g \rangle$ であることから，

$f \circ h = f \circ k$ を得る．さてここで f は mono であるゆえ，$f \circ h = f \circ k \Rightarrow h = k$ であり，よって上の仮定のもとで，$h = k$ を得る．　　　　　　　　　　　　□

イコライザー

次にイコライザーを取り上げる．まずその定義であるが，ここでも定義に登場する対象および矢は，すべてある一つの圏 C に属するものとする．

定義（イコライザー）
$A \underset{g}{\overset{f}{\rightrightarrows}} B$ において，$C \xrightarrow{e} A \underset{g}{\overset{f}{\rightrightarrows}} B$ なる矢 e が，次の条件(1), (2) をみたすとき，e は f と g との「イコライザー」(equalizer) と呼ばれる．
(1) $f \circ e = g \circ e$.
(2) $f \circ h = g \circ h$ であるなら，$h = e \circ k$ である k（i.e. 下図を可換とする k）が一意的に存在する．

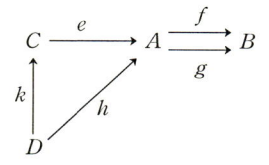

$$C \xrightarrow{e} A \underset{g}{\overset{f}{\rightrightarrows}} B$$
$$\quad k \uparrow \nearrow h$$
$$D$$
　　　　　　　　　　　　　　　　　　　　　　　　　　　　□

注意 1) 以下ではイコライザーを片仮名ではなく，equalizer と表記していく．
2) equalizer e は，$A \underset{g}{\overset{f}{\rightrightarrows}} B$ なる二つの矢について，それらが同一の矢とみなし得る始域部分の極限的なものをターゲットとしている矢である，といえる．

equalizer の意味内容を身近にするため Set の場合でみてみる．すると equalizer e は，集合 C から集合 A の部分集合である $\{x \mid x \in A$ かつ $f(x) = g(x)\}$ に一対一に対応づける写像に相当している．なおこの点は，equalizer と mono との関係を示す次の定理 2 と，すでに触れたように Set

の場合では mono が部分集合と対応することから，より明瞭になる．

定理 2　圏 C において，e が $C \xrightarrow{e} A \underset{g}{\overset{f}{\rightrightarrows}} B$ なる f と g との equalizer であるなら，e は mono である．

証明　定理 1 の証明と同様に，まず h, k を $D \underset{k}{\overset{h}{\rightrightarrows}} C \xrightarrow{e} A \underset{g}{\overset{f}{\rightrightarrows}} B$ におけるような矢とした上で，mono の定義から，$e \circ h = e \circ k \Rightarrow h = k$ … (∗) となることを示せばよい．そのために e が equalizer であること，および $f \circ e = g \circ e$ であることから，$f \circ (e \circ h) = (f \circ e) \circ h = (g \circ e) \circ h = g \circ (e \circ h)$ であることに注意する．すなわち $f \circ (e \circ h) = g \circ (e \circ h)$ が成立する．すると，再び e が equalizer であることから，下図をみたす $h : D \to C$ が一意的に存在することが分かる．

$$\begin{array}{ccc} C & \xrightarrow{e} & A \underset{g}{\overset{f}{\rightrightarrows}} B \\ {\scriptstyle h} \uparrow & \nearrow {\scriptstyle e \circ h} & \\ D & & \end{array}$$

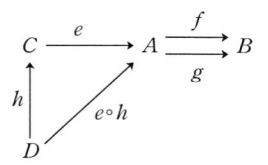

ところで，k についても，上の h と同様の議論をすることができる．すなわち下図をみたす $k : D \to C$ が一意的に存在することが分かる．

$$\begin{array}{ccc} C & \xrightarrow{e} & A \underset{g}{\overset{f}{\rightrightarrows}} B \\ {\scriptstyle k} \uparrow & \nearrow {\scriptstyle e \circ k} & \\ D & & \end{array}$$

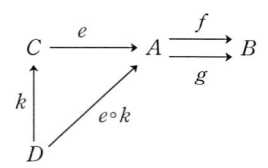

ここで (∗) の ⇒ の左 (i.e. $e \circ h = e \circ k$) を仮定すると，上の二つの図から $h = k$ を得る．　□

プルバック

今度はプルバックを取り上げる．ただしここでもその定義に登場する対象

および矢は，すべてある一つの圏Cに属するものとする．

定義（プルバック）

$A \xrightarrow{f} C \xleftarrow{g} B$ について，$A \xleftarrow{g'} D \xrightarrow{f'} B$ が次の条件(1), (2)をみたすとき，$A \xleftarrow{g'} D \xrightarrow{f'} B$ は $A \xrightarrow{f} C \xleftarrow{g} B$ の「プルバック」(pullback) と呼ばれる．

(1) 下図において $f \circ g' = g \circ f'$ (i.e. 可換) である．

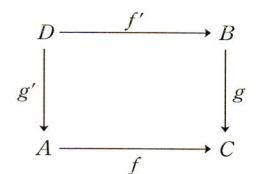

$$\begin{array}{ccc} D & \xrightarrow{f'} & B \\ {\scriptstyle g'}\downarrow & & \downarrow{\scriptstyle g} \\ A & \xrightarrow{f} & C \end{array}$$

(2) 任意の E と $h: E \to A$ および $k: E \to B$ について，$f \circ h = g \circ k$ であるとき，下図において $h = g' \circ l$ および $k = f' \circ l$ とする (i.e. 下図を可換とする) $l: E \to D$ が一意的に存在する．

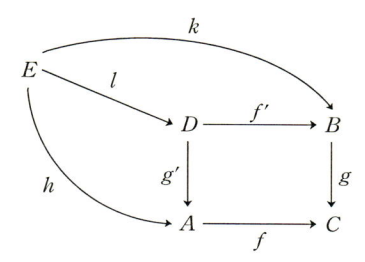

□

注意 1) 以下ではプルバックを片仮名ではなく，pullback またはその略記である p.b. と表記していく．また p.b. となる四辺形があるとき，その四辺形の内部に p.b. と記入する場合のあることも，ひとこと添えておく．

2) p.b. は，C に各々 f と g とで結ばれている A と B との積の形になっている．このような場合，pullback (i.e. 引き戻し) は，むしろ「ファイバー積」(fibre product) と呼ばれることが多い．

pullback の意味内容を身近にするために，Set の場合から二つほどの例を

みておこう．

(1) A, B, C を各々集合として，$A \xrightarrow{f} C \xleftarrow{g} B$ の p.b. D は，$\{\langle x, y\rangle \mid x \in A$ かつ $y \in B$ かつ $f(x)=g(y)\}$ なる集合が相当する．またこのとき f', g' は，各々 $f'(\langle x,y\rangle)=y$, $g'(\langle x,y\rangle)=x$ であり，D から B, A への射影となっている．またこの例は，上の注意 2) に相当している．

(2) 次のような状況も p.b. とみなせる．すなわちそれは，A, B を集合として $f: A \to B$ なる写像において，B の部分集合 C の f による逆像 inverse image $f^{-1}(C) = \{x \mid x \in A$ かつ $f(x) \in C\}$ が問題となる状況である．実際この逆像 $f^{-1}(C)$ が，$A \xrightarrow{f} B \hookleftarrow C$ の p.b. となっていることは，下図より明らかであろう．

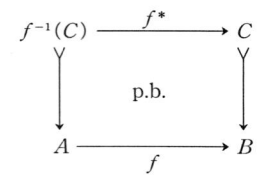

$$\begin{array}{ccc} f^{-1}(C) & \xrightarrow{f^*} & C \\ \downarrow & \text{p.b.} & \downarrow \\ A & \xrightarrow{f} & B \end{array}$$

ただし f^* は，f の始域を A の部分集合となる $f^{-1}(C)$ に制限 (i.e. 記号 $\upharpoonright$ で表わされる) した f である (i.e. $f^* = f \upharpoonright f^{-1}(C)$)．またこの例からは，pullback という呼び名の由来が窺える．すなわち f^* は，$C \rightarrowtail B$ によって f を引き戻したものとみなせる．

次に p.b. についての定理を二つほど添えておこう．

定理 3 圏 C においては，下図が p.b. であり，またその図中の f が mono であるとき，f' も mono である．

§2.2 圏（その2）

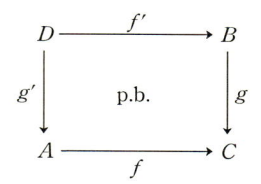

```
     D ─── f' ──→ B
     │             │
   g'│    p.b.     │g
     ↓             ↓
     A ─── f ────→ C
```

証明 まず h, k を下図のような矢として，$f' \circ h = f' \circ k$ と仮定する．

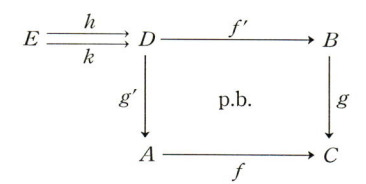

```
     E ⇉ D ─── f' ──→ B
       h,k  │          │
          g'│  p.b.    │g
            ↓          ↓
            A ─── f ──→ C
```

すると $g \circ f' \circ h = g \circ f' \circ k$ … (1) であり，また四角形が p.b. ゆえ，$g \circ f' = f \circ g'$ … (2) である．よって (1), (2) より，$f \circ g' \circ h = f \circ g' \circ k$ となり，ここで f が mono であることから，$g' \circ h = g' \circ k$ … (3) を得る．

ここで上の仮定より $f' \circ h = f' \circ k = l_1$ とおき，(3) より $g' \circ h = g' \circ k = l_2$ とおいておく．

一方再び (1), (2) より，$f \circ g' \circ h = g \circ f' \circ k$ となり，よって $f \circ l_2 = g \circ l_1$ が成立する．すると四角形が p.b. であることから，$g' \circ l_3 = l_2 = g' \circ h = g' \circ k$ かつ $f' \circ l_3 = l_1 = f' \circ h = f' \circ k$ をみたす $l_3 : E \to D$ が一意的に存在する．よってここから $h = k$ が得られる（下図参照）．

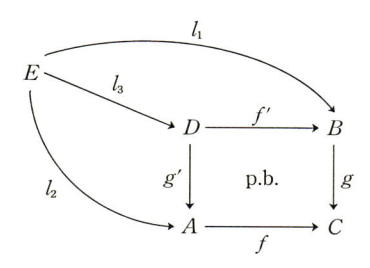

```
          ╭──── l₁ ────╮
     E ── l₃ ──→ D ── f' ──→ B
      ╲           │           │
       l₂      g'│   p.b.    │g
        ╲        ↓           ↓
         ╲────→ A ── f ────→ C
```

∎

定理4 圏 C においては，下図が可換であるとき，次の (1), (2) が成立す

る．ただし下図の図中における点 ● は，各々その位置にある対象を略記したものとする．

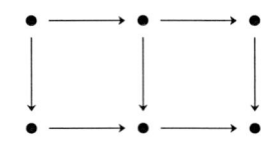

```
•  →  •  →  •
↓     ↓     ↓
•  →  •  →  •
```

(1) 上図において，右の四角形が p.b. であり，かつ外枠となる長方形も p.b. であるとき，左の四角形は p.b. である．

(2) 上図において，左右各々の四角形が p.b. であるとき，外枠となる長方形は p.b. となる．

証明 (1)について． まず下図において，l_1 と l_2 を除いた部分が可換とする．すると右の四角形が p.b. であることにより，l_1 が一意的に存在し，l_2 を除いた部分が可換となる．一方外枠となっている長方形も p.b. であることから l_2 が一意的に存在してくる．よってこのことと，l_1 の存在に伴う可換性を考え合せるとき，この状況は左の四角形が p.b. であることを示している．

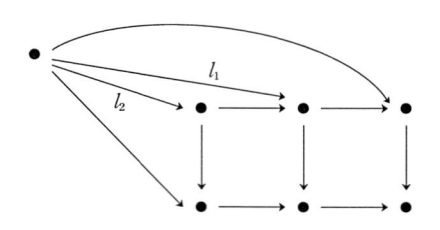

(2)について． (1)と同様に考える．略. □

積，equalizer および p.b. の関係

以上この§では，積，equalizer, p.b. と圏についての三つの基礎概念を導入したが，これら三つの概念の間には，次の定理5で示される関係が成立

§2.2 圏（その2）

する．これは基本的であり，§2.3でも触れることになる定理である．

定理5 圏Cにおいて，任意の二つの対象について積が存在し，また任意の二つの矢について equalizer が存在するとき，任意の $A \xrightarrow{f} C \xleftarrow{g} B$ について，$A \xleftarrow{g'} D \xrightarrow{f'} B$ なる p.b. が存在する．

証明 equalizer と積が存在することから，まず e を下図のように $A \times B \xrightarrow[f \circ \pi_1]{g \circ \pi_2} C$ の equalizer とする．

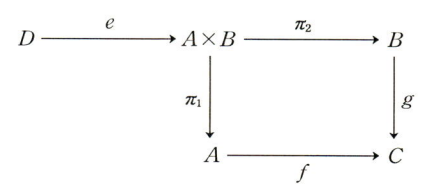

$$D \xrightarrow{e} A \times B \xrightarrow{\pi_2} B$$
$$\pi_1 \downarrow \qquad \downarrow g$$
$$A \xrightarrow{f} C$$

その上でこのとき，下図が $A \xrightarrow{f} C \xleftarrow{g} B$ の p.b. となることを以下示していく．

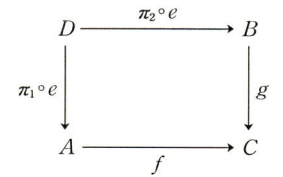

$$D \xrightarrow{\pi_2 \circ e} B$$
$$\pi_1 \circ e \downarrow \qquad \downarrow g$$
$$A \xrightarrow{f} C$$

そのために下図を可換とする h, k を考える．

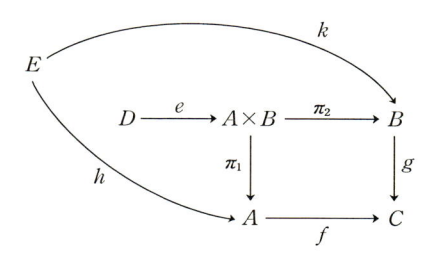

（図：E から k で B へ，h で A へ，中に $D \xrightarrow{e} A \times B \xrightarrow{\pi_2} B$，$\pi_1 \downarrow$，$A \xrightarrow{f} C$，$\downarrow g$）

すると $A \times B$ が積であることから，下図のように $\langle h, k \rangle$ が一意的に存在する．するとさらに e が equalizer であることから，同じ下図のように $l:$

$E \to D$ が一意的に存在する．すなわちこのことによって，先の二番目の図が，$A \xrightarrow{f} C \xleftarrow{g} B$ の p.b. であることが示された．

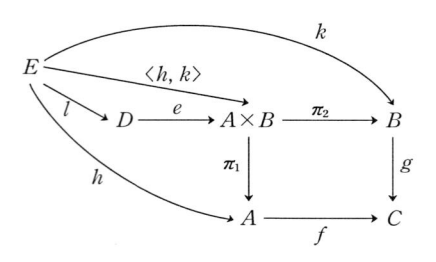

$$\begin{array}{c}\text{(図式)}\end{array}$$

□

直和，コイコライザー，プッシュアウト

§2.1 の最後に双対性について触れたが，この§で定義した積，equalizer, p.b. にも，各々その双対として，直和，コイコライザー，プッシュアウトなる概念が定義される．略式な仕方ではあるが，各々の定義を下に記しておく．

定義（直和）

圏 C^{op} での対象 A, B の積は，圏 C において A, B の「直和（または双対積）」(coproduct) と呼ばれ，記号 $A \perp\!\!\!\perp B$ で表わされる（下図参照）．

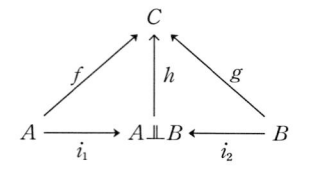

$$\begin{array}{c}\text{(図式)}\end{array}$$

□

定義（コイコライザー）

圏 C^{op} での矢 f, g の equalizer は，圏 C において f, g の「コイコライザー」(coequalizer) と呼ばれる（下図参照）．

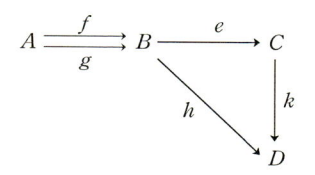

§2.3 トポス

$$
\begin{array}{c}
A \underset{g}{\overset{f}{\rightrightarrows}} B \xrightarrow{e} C \\
\quad\quad\quad {}_h\searrow \quad \downarrow k \\
\quad\quad\quad\quad\quad D
\end{array}
$$

定義（プッシュアウト）

圏 C^{op} での p.b. D は，圏 C において「プッシュアウト」(pushout) と呼ばれる（下図参照）．

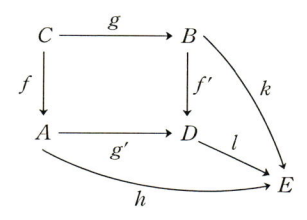

$$
\begin{array}{ccc}
C & \xrightarrow{g} & B \\
{}_f\downarrow & & \downarrow f' \searrow^{k} \\
A & \xrightarrow{g'} & D \xrightarrow{l} E \\
& \searrow_{h} & \nearrow
\end{array}
$$

注意 以下では，プッシュアウトは片仮名ではなく pushout またはその略記である p.o. と表記していく．第 4 章 §4.1 に登場する．

§2.3 トポス

トポスの定義の仕方

§2.1，§2.2 において，圏についての基礎概念として終対象，始対象，積，equalizer，p.b. などを取り上げたが，それらは各々，圏の一部にしばしば見出し得る基礎的な状況を，対象と矢によって表現し定式化したものであった．そして実際 Set なる圏においては，すでにその各々の例を Set の場合でみておいたように，基礎概念の各々が適用される状況は存在していた．しかしただ圏であるというだけでは，もとより，上記した基礎概念の各々が適

用される状況が必ず存在するとはいえない．すなわち上記した基礎概念の各々について，それが適用される状況が存在するか否かは，圏によって変り得る．ということは，さらにいいかえれば，どのような基礎概念で表わされる状況が存在するかを指定することによって，種々の圏各々を特徴づけることができるようになる，ということでもある．

　さてこの §2.3 では，いよいよ，第1章の主題であった l-h.o.l. と関係するトポスと呼ばれる圏を導入したい．しかしいま述べた事情から自ずと明らかなように，その定義に当っては，トポスなる圏ではどのような基礎概念で表わされる状況が必ず存在するかを明確に指定することによって，その定義も可能となるといえる．ではそれらはどのようなものであろうか．しかしトポスの定義のためには，さらに二つほどの圏についての基礎概念の定義が必要となる．

巾

　その一つは巾の定義である．しかしその定義には，それに先立って二つの矢 f, g の積である $f \times g$ の定義が，準備として必要である．ただし，この定義においてもつづく巾の定義においても，いままでと同様にそこに登場する対象および矢はすべてある一つの圏 C に属するものとする．

定義（矢の積）
　$f: A \to B$, $g: C \to D$ とする．このとき $\langle f \circ \pi_1, g \circ \pi_2 \rangle : A \times C \to B \times D$ は，f と g との「矢の積」(product of arrows) と呼ばれ，記号 $f \times g$ で表わされる． □

　なお念のため図を添えておこう．

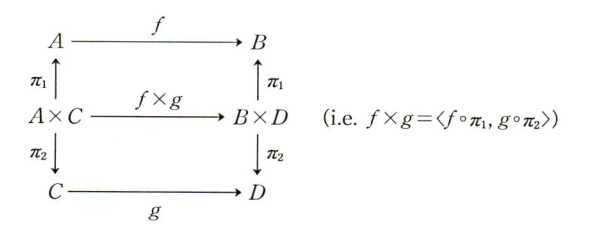

$$\begin{array}{ccc} A & \xrightarrow{f} & B \\ \pi_1 \uparrow & & \uparrow \pi_1 \\ A\times C & \xrightarrow{f\times g} & B\times D \\ \pi_2 \downarrow & & \downarrow \pi_2 \\ C & \xrightarrow{g} & D \end{array}$$ (i.e. $f\times g = \langle f\circ \pi_1, g\circ \pi_2\rangle$)

定義（巾）

$\mathbb{C}$において下記の(1),(2)が成立するとき，$\mathbb{C}$は「巾」(exponentiation) をもつ，と呼ばれる．

(1) $\mathbb{C}$の任意の二つの対象には，その積が存在する．

(2) $\mathbb{C}$の任意の対象 A, B について，次の条件 [#] をみたす対象 B^A と矢 ev：$B^A \times A \to B$ が存在する．

条件 [#]：任意の対象 C と矢 $g: C\times A \to B$ について，下図を可換とする矢 $\hat{g}: C \to B^A$ が一意的に存在する（i.e. ev$\circ(\hat{g}\times \mathrm{id}_A) = g$ をみたす $\hat{g}$ が一意的に存在する）．

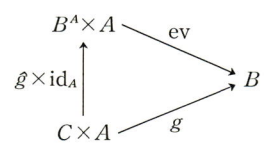

$$\begin{array}{ccc} B^A \times A & & \\ \hat{g}\times \mathrm{id}_A \uparrow & \searrow^{\mathrm{ev}} & \\ & & B \\ C\times A & \nearrow_{g} & \end{array}$$

なお，矢 ev は「値づけ」(evaluation) と呼ばれ，$\hat{g}$ は g の「転置」(transpose) と呼ばれる． □

注意 転置は，以下 transpose と表記していく．

なお念のため，$\hat{g}\times \mathrm{id}_A$ のところを，矢の積の定義に従って図示しておく．

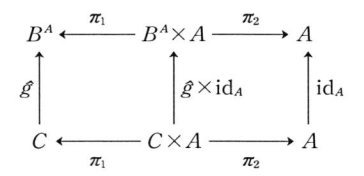

$$\begin{array}{ccccc}
B^A & \xleftarrow{\pi_1} & B^A \times A & \xrightarrow{\pi_2} & A \\
{\scriptstyle \hat{g}}\uparrow & & {\scriptstyle \hat{g}\times \mathrm{id}_A}\uparrow & & \uparrow{\scriptstyle \mathrm{id}_A} \\
C & \xleftarrow{\pi_1} & C\times A & \xrightarrow{\pi_2} & A
\end{array}$$

また巾の意味内容を身近にするために，Set の場合を考えると，A, B を集合として，B^A は $\{f \mid f: A \to B\}$ といえる。すなわち B^A は A から B への写像の一つ一つを要素とする集合である。また ev は，$f \in B^A$, $x \in A$ として，ev($\langle f, x \rangle$) $= f(x)$ となっている。

積と巾との関係

ところで，巾の定義においては積の存在が大前提となっているが，積と巾との間には，次の定理 1 のような注目すべき関係が成立する。

定理 1 $\mathbb{C}(C \times A, B) \cong \mathbb{C}(C, B^A)$.

ただし一般に $\mathbb{C}(X, Y)$ は $\mathbb{C}$ の対象 X から $\mathbb{C}$ の対象 Y への矢の全体を表わしている。またここでの $\cong$ は，その両辺の集合の間に全単射なる対応が存在することを表わしている。

証明 $\mathbb{C}(C \times A, B) \to \mathbb{C}(C, B^A)$ なる対応づけとして，巾の定義に登場した transpose を考え，この $\hat{\ }$ が全単射であることを示していく。

(1) $\hat{\ }$ が単射であることを示す。そのためにまず $f \in \mathbb{C}(C \times A, B)$, $g \in \mathbb{C}(C \times A, B)$ とする。すると巾の定義から，$f = \text{ev} \circ (\hat{f} \times \text{id}_A)$，$g = \text{ev} \circ (\hat{g} \times \text{id}_A)$ が各々成立する。その上で $\hat{f} = \hat{g}$ を仮定すると，直ちに $f = g$ を得る。

(2) $\hat{\ }$ が全射であることを示す。そのためにまず $h \in \mathbb{C}(C, B^A)$ とする。するとこの h を使って，$f = \text{ev} \circ (h \times \text{id}_A)$ なる $\mathbb{C}(C \times A, B)$ の要素 f を定義できる。その上でこの f の $\hat{f}$ を考えると，$\hat{f}$ が f に対して一意的であることから，結局 $h = \hat{f}$ が成立する。すなわち $\mathbb{C}(C, B^A)$ のどんな要素 h にも必ずそこに $\hat{\ }$ によって対応づけられる $\mathbb{C}(C \times A, B)$ の要素 f が存在する。 □

§2.3 トポス

ここで定理1の関係は，さらに次のようにも表わされる．

$$C \times A \xrightarrow{g} B \iff C \xrightarrow{g} B^A \qquad (※)$$

するとこの（※）を踏まえて，Set の場合以外での巾の例を考えることができる．それは Po の場合に関してである．

まず，その任意の二つの要素に対して交わり（i.e. 下限）∧ が存在する半順序集合 P を考える．するとこのような P については，A の B に対する擬補元（i.e. 相対擬補元 relative pseudo complement）と呼ばれる要素 $A \supset B$ が，$C \land A \leq B \iff C \leq A \supset B$ をみたすものとして定義されることがある（ただし，A, B, C 各々 P の要素とする）．そこで相対擬補元が定義されている半順序集合の圏 Po においては，すでに触れたように P の下限が Po の積であることを考え合せると，上の関係は Po では，

$$C \land A \to B \iff C \to A \supset B$$

であり，これはまさに（※）に相当している．したがって，Po での巾 B^A は相対擬補元 $A \supset B$ に他ならない，ということができる．

サブオブジェクト・クラシファイヤー

トポスなる圏を定義するには，さらにもう一つサブオブジェクト・クラシファイヤーなる基礎概念の定義が必要となる．ただしここでも，その定義に登場する対象および矢は，すべてある一つの圏 C に属するものとする．

定義（サブオブジェクト・クラシファイヤー）

C には終対象 1 が存在するとした上で，次の条件 [#] をみたす矢 $\top: 1 \to \Omega$ を伴った対象 Ω は，C の「サブオブジェクト・クラシファイヤー」（subobject classifier）と呼ばれる．

条件 [#]：任意の mono $f: A \rightarrowtail B$ について，下図が p.b. となるような矢 $\chi_f: B \to \Omega$ が一意的に存在する．

なお，矢 χ_f は mono f（i.e. B の部分対象 A）の「特性矢」（character）

と呼ばれる．

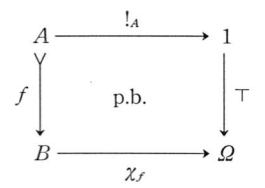

$$
\begin{CD}
A @>{!_A}>> 1 \\
@V{f}VV \text{p.b.} @VV{\top}V \\
B @>>{\chi_f}> \Omega
\end{CD}
$$

□

注意 1) サブオブジェクト・クラシファイヤーは，内容を考えて真理値対象とも呼べるが，以下ではサブオブジェクト・クラシファイヤーと呼ぶ．ただし表記に当っては，片仮名ではなく subobject classifier を使用する．また特性矢も，以下では character と表記していく．また $\top \circ !_A$ は $\top_A$ と表わされることがある．

2) また定義から，B の部分対象 A である mono f とその character χ_f とが，全単射の関係で対応していることが分かる．すなわち B の部分対象の全体を $\mathrm{Sub}(B) (= \{f \mid f : A \rightarrowtail B\})$ で表わし，character の全体を $\mathrm{C}(B, \Omega) (= \{\chi_f \mid \chi_f : B \to \Omega\})$ と表わすと，$\mathrm{Sub}(B) \cong \mathrm{C}(B, \Omega)$ が成立する．

subobject classifier の意味内容を身近にするために，Set の場合でみてみよう．定義に現われた図における A を集合 B の部分集合，Ω を $\{\mathrm{T}, \mathrm{F}\}$ なる集合（ただし T, F は各々真偽を表わす真理値）としてみる．すると $\top : 1 \to \Omega$ は，単一集合である 1 の唯一の要素を $\{\mathrm{T}, \mathrm{F}\}$ の要素 T に対応させる写像となっている．また $\chi_f : B \to \Omega$ は，Ω を中心とした定義の四角形が p.b. であることから，$x \in A$ のとき $\chi_f(x) = \mathrm{T}$, $x \notin A$ のとき $\chi_f(x) = \mathrm{F}$ とする特性写像となってくる．

念のためイメージ図を添えておこう（ただし図 2.1 において，○は集合，●は集合の要素，○→○は集合間の写像，● ┄┄→ ● は要素間の対応をイメージしている）．

§2.3 トポス

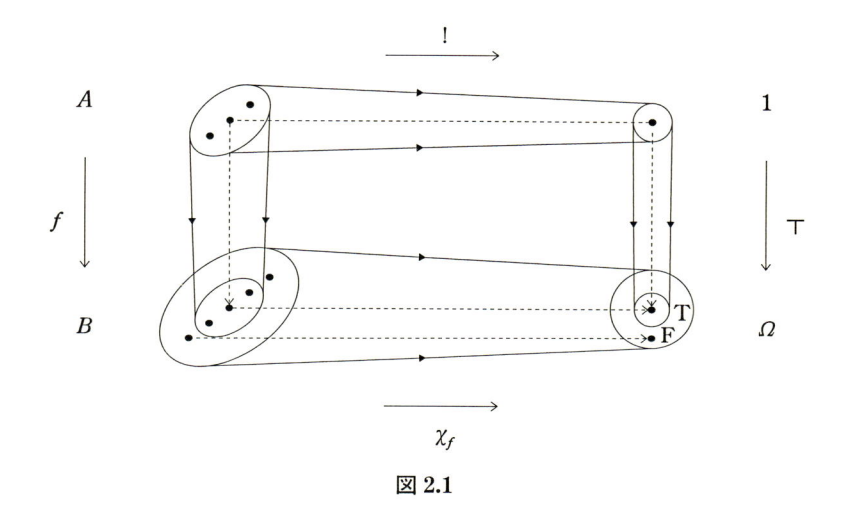

図 2.1

注意 上の例では，Ω として古典論理の構造に対応する二元からなるブール代数 $\{T, F\}$ を考えたが，一般には Ω として，多元ブール代数をはじめ，直観主義論理の構造に対応する擬似ブール代数（i.e. ハイティング代数）なども考えられる．

トポスの定義

§2.1，§2.2 で導入した基礎概念に加えて，この § で巾と subobject classifier を定義したことにより，ここにおいてようやく圏の一種であるトポスなる圏 E を定義することができるようになった．というのもトポスなる圏は，実はいままでに導入した基礎概念のすべてが適用できるような状況を備えた圏として，定義されるからである．すなわちトポスなる圏とは，終対象と始対象をはじめ，積，equalizer，p.b. およびそれらの双対，そしてさらに巾と subobject classifier が適用できる状況を備えた圏である，と定義される．しかし一方で，§2.2 の定理 5 からも窺えるように，これらの基礎概念の間には何らかの相互関係が成立する場合がある．そこでトポスの定義としては，この点を考慮して，実際には以下に提示する定義 1 または定義 2 などが採用

される．

定義 1 （トポス）

圏 E が下記の条件 (1)～(4) をみたしているとき，圏 E は「トポス」(topos) と呼ばれる．

(1) E には，終対象 1 が存在する．
(2) E には，E の任意の二つの対象 A, B について，その積 $A \times B$ が存在する．
(3) E には，E の任意の二つの対象，A, B について，その巾 B^A が存在する．
(4) E には，subobject classifier Ω が存在する． □

注意 トポスはしばしば「エレメンタリー・トポス」(elementary topos) とも呼ばれる．それゆえに，通常 E なる記号が使用されることが多い．

なおこの定義 1 に登場しない equalizer，p.b.，始対象などの E における存在は，下記の［1］，［2］，［3］が成立することから，保証される．

［1］ 終対象 1 と積および subobject classifier が存在するなら，equalizer が存在する．
［2］ 積と equalizer が存在するなら，p.b. が存在する．
［3］ 定義 1 の (1)～(4) が成立するなら，始対象，直和，pushout が存在する．

ここで［2］は，§2.2 の定理 5 であり，すでに証明ずみである．また［1］は，この § の最後に定理 2 としてその証明を与える．ただ［3］の証明は，多少込み入っているので，本書では省略する．

また定義 1 の (1)～(3) までの条件をみたす圏は，とくに「デカルト閉圏」(cartesian closed category)（通常 CCC と略記）と呼ばれ，一つの独立した圏としてしばしば注目される．それは，CCC が λ-計算可能な関数の世界

(i.e. 帰納的関数の世界) と対応してくることによる．それゆえ CCC は，計算論 (i.e. 計算可能性理論) などでは，とても大切な圏である．しかし本書では，もっぱら λ-h.o.l. との対応に関心をよせていることから，CCC + subobject classifier がトポスとなっていることのみに注目して，CCC にはこれ以上は言及しない．

定義 2（トポス）
圏 $\mathbb{E}$ が下記の条件 (1)〜(4) をみたしているとき，圏 $\mathbb{E}$ は「トポス」(topos) と呼ばれる．
 (1) 定義 1 の (1) と同じ．
 (2) $\mathbb{E}$ には，$\mathbb{E}$ の任意の対象からなる $A \to C \leftarrow B$ について，その p.b. が存在する．
 (3) 定義 1 の (3) と同じ．
 (4) 定義 1 の (4) と同じ． □

なお，定義 2 に登場しない他の基礎概念の $\mathbb{E}$ での存在は，ほとんど自明でもある次の［4］と先に触れた基礎概念の相互関係から明らかとなる．

［4］ 終対象 1 と p.b. が存在するなら，積が存在する．

さて以上がトポスの定義であるが，それでは具体的にどのような圏がトポスであろうか．しかしその代表的なものが Set なる圏であることは，トポスに関係する基礎概念各々の定義の際，その各々の例を Set の場合ですでにみておいたことからも明らかであろう．しかしもとより Set 以外にも，トポスである圏は $\mathrm{Bd}(I)$，$\mathrm{Top}(I)$ など，種々のものがある．ただしいまここでそれらについて具体的に言及することはせず，必要に応じて後述する．たとえば，$\mathrm{Bd}(I)$ については第 3 章の理解にも繋がるので，第 3 章のはじめの §3.1 で，また $\mathrm{Top}(I)$ については 5 章の §5.2 で各々取り上げることにする．それよりこの第 2 章では，第 1 章で概説した表現力豊かな λ-h.o.l. の構造が，上に導入したトポスの構造ときれいに対応することから，まずは

その対応関係の方を，次の§2.4において優先的にみておくことにしよう．

対角矢とその character

§2.4で$\mathscr{l}$-h.o.l. とトポスの対応関係を問題にするに当って，是非必要となるトポスでの二つの矢について，その定義を予めここで与えておく．

定義（対角矢）

圏$\mathbf{E}$における下図をみたす矢$\langle \mathrm{id}_A, \mathrm{id}_A \rangle$は，「対角矢」(diagonal arrow) と呼ばれ，記号$\varDelta_A$で表わされる（i.e. $\varDelta_A \underset{\mathrm{df}}{=} \langle \mathrm{id}_A, \mathrm{id}_A \rangle$）．

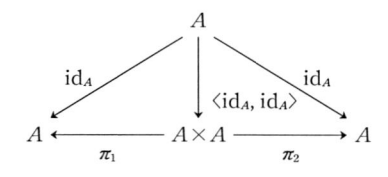

$$\begin{array}{ccc}
 & A & \\
\mathrm{id}_A \swarrow & \downarrow \langle \mathrm{id}_A, \mathrm{id}_A \rangle & \searrow \mathrm{id}_A \\
A \xleftarrow{\pi_1} & A \times A & \xrightarrow{\pi_2} A
\end{array}$$

□

注意 $\varDelta_A$が mono であることは，§2.2の定理1から明らかである．また mono は部分対象でもあることから，$\varDelta_A$は$A \times A$の部分対象でもある．内容的には，Set の場合，$\varDelta_A$は$A \times A$なる直積集合の対角線部分となる部分集合である．

定義（対角矢の character）

圏$\mathbf{E}$における下図をみたす矢δ_Aは，「対角矢$\varDelta_A$の character」(character of diagonal arrow) と呼ばれる（i.e. $\delta_A \underset{\mathrm{df}}{=} \chi_{\varDelta_A}$）．

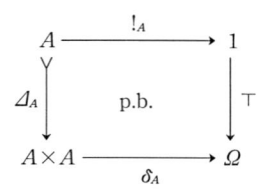

$$\begin{array}{ccc}
A & \xrightarrow{!_A} & 1 \\
\varDelta_A \downarrow & \mathrm{p.b.} & \downarrow \top \\
A \times A & \xrightarrow{\delta_A} & \varOmega
\end{array}$$

□

注意　δ_A は記号 $=_A$ と表わされることもある．

［1］の証明

この§の最後に，定義1に関連して触れた［1］をこの§の定理2として，その証明を与えておく．

定理2　終対象1と積および subobject classifier Ω が存在するなら，equalizer が存在する．

証明　$A \underset{g}{\overset{f}{\rightrightarrows}} B$ が与えられたとする．その上で $C \xrightarrow{e} A \underset{g}{\overset{f}{\rightrightarrows}} B$ なる e を次のように定義する．すなわち積と subobject classifier が存在することから，下図のように e を，$A \xrightarrow{\langle f,g \rangle} B \times B \xrightarrow{\delta_B} \Omega$ なる矢（i.e. $\delta_B \circ \langle f, g \rangle$）を character とする mono $e : C \rightarrowtail A$ として定義する．

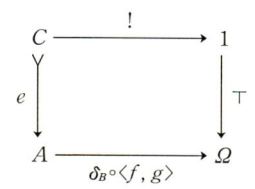

$$\begin{array}{ccc} C & \xrightarrow{\;!\;} & 1 \\ {\scriptstyle e}\downarrow & & \downarrow{\scriptstyle \top} \\ A & \xrightarrow[\delta_B \circ \langle f,g \rangle]{} & \Omega \end{array}$$

するとこの e が，$A \underset{g}{\overset{f}{\rightrightarrows}} B$ の equalizer となることを，以下のように順次示していくことができる．

(1)　まず，上のように定義された e が，$f \circ e = g \circ e$ をみたすことを下図を使って示しておく．

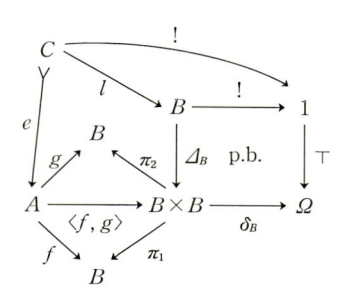

図より $\delta_B \circ \langle f, g \rangle \circ e = \top \circ\,!$. ゆえ，$l: C \to B$ なる l が一意的に存在する．すると f について，$f \circ e = \pi_1 \circ \langle f, g \rangle \circ e = \pi_1 \circ \varDelta_B \circ l = \mathrm{id}_B \circ l$ である．また g についても，$g \circ e = \pi_2 \circ \langle f, g \rangle \circ e = \pi_2 \circ \varDelta_B \circ l = \mathrm{id}_B \circ l$ である．よって，$f \circ e = g \circ e$ が成立する．

(2) 次に $f \circ h = g \circ h$ をみたす $D \xrightarrow{h} A \underset{g}{\overset{f}{\rightrightarrows}} B$ なる h を考え，下図を可換とする k が一意的に存在することを示そう．実際，それが示されれば，e が equalizer であることは明らかであろう．

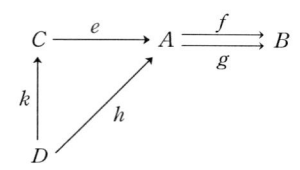

$$C \xrightarrow{e} A \underset{g}{\overset{f}{\rightrightarrows}} B$$
$$k \uparrow \quad \nearrow h$$
$$D$$

そのために下図に注目する．すると $\langle f, g \rangle \circ h = \langle f \circ h, g \circ h \rangle$ が成立し，また $\langle f, g \rangle \circ h = \varDelta_B \circ f \circ h$ も成立する．

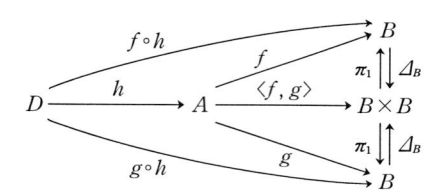

$$D \xrightarrow{h} A \xrightarrow{\langle f, g \rangle} B \times B \quad \text{with} \quad f \circ h, g \circ h \to B$$

よって以上により下図が可換となる．

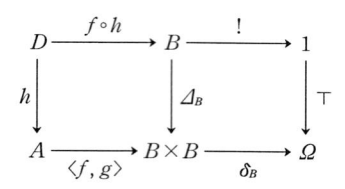

$$\begin{array}{ccccc} D & \xrightarrow{f \circ h} & B & \xrightarrow{!} & 1 \\ h \downarrow & & \downarrow \varDelta_B & & \downarrow \top \\ A & \xrightarrow{\langle f, g \rangle} & B \times B & \xrightarrow{\delta_B} & \varOmega \end{array}$$

するとさらに下図（左）も可換となる．ここで ※ は p.b. ゆえ，下図（右）のように確かに $k: D \to C$ が一意的に存在することが分かる．

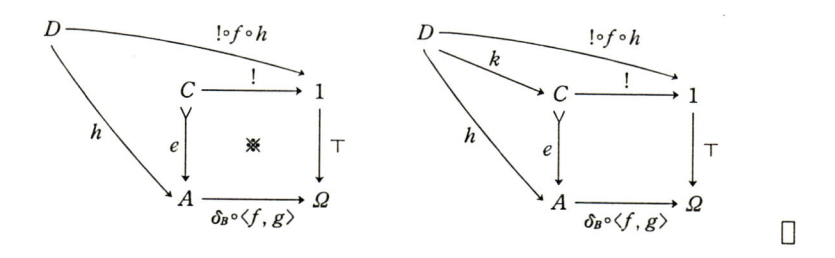

§2.4 高階論理 λ-h.o.l. とトポス

λ-h.o.l. のトポスによる解釈

　この§では，関数型高階論理 λ-h.o.l. とある一つのトポス E との対応関係を取り上げる．すなわちこの§において，λ-h.o.l. のタイプ，項，論理記号などに，トポス E ではどのような事柄が対応してくるかをみてみることにする．別のいい方をすればこのことは，λ-h.o.l. にトポス E による解釈を与えてみること，あるいはトポス E を λ-h.o.l. のモデルとしてみてみることである．したがってこの§の作業は，λ-h.o.l. の本質への理解を深めるためには，とても有意義なことといえよう．

　ところで，この作業を始めるに当っては，まず一つのあるトポス E を用意しなければならない．そこでここでは，E の subobject classifier Ω をブール代数とするトポス E を，しかもその中でも最も簡単な $\Omega=\{T, F\}$ とするトポス E を用意することにする．これは，λ-h.o.l. が古典高階論理であること，および分かり易さを第一に考えたことによる．なお，Ω をブール代数とするトポスは，しばしば「ブーリアン・トポス」(Boolean topos) と呼ばれることがある．

λ-h.o.l. の解釈 —タイプについて—

　さっそく λ-h.o.l. の諸記号などを，$\Omega=\{T, F\}$ とするブーリアン・トポス E の事柄に順次対応させていこう．まずはじめはタイプについてであるが，

λ-h.o.l. の項のタイプ α には，一般に，トポス E の対象 A を対応させる（i.e. タイプは E の対象と解釈される）．具体的には次のようになる．ただし，以下においては int は対応づけ（i.e. 解釈）を表わすことにする．

(1) タイプ e $\xrightarrow{\text{int}}$ 対象 E．
(2) タイプ t $\xrightarrow{\text{int}}$ 対象 Ω．
(3) タイプ α $\xrightarrow{\text{int}}$ 対象 A，タイプ β $\xrightarrow{\text{int}}$ 対象 B として，

$$\text{タイプ } \langle \alpha, \beta \rangle \xrightarrow{\text{int}} \text{対象 } B^A.$$

λ-h.o.l. の解釈 ―項について―

λ-h.o.l. の項には，一般に，トポス E の矢を対応させる（i.e. 項は E の矢と解釈される）．具体的には次のようになる．ただし，|項| によって，その項に対応するトポス E の矢を表わすことにする．

(1) 変項 x_α $\xrightarrow{\text{int}}$ 矢 $|x_\alpha| : A \to A$ (i.e. 矢 id_A)．
(2) 項 C_α $\xrightarrow{\text{int}}$ 矢 $|C_\alpha| : 1 \to A$．

注意 $1 \to A$ なる矢は，§2.1 の終対象の定義の注意 2) で触れたように，対象 A の要素でもある．

(3) 項 $C_{\alpha\beta}$ $\xrightarrow{\text{int}}$ 矢 $|C_{\alpha\beta}| : 1 \to B^A$．

注意 (3) は (2) の特殊な場合で，タイプ α からタイプ β への関数のタイプ $\langle \alpha, \beta \rangle$ (i.e. $\alpha\beta$) となっている項についての解釈であり，それが $A \to B$ なる矢の一つ (i.e. B^A の要素) と解釈されることを示している．

(4) 項 $C_{\alpha\beta}D_\alpha$ $\xrightarrow{\text{int}}$ 矢 $|C_{\alpha\beta}D_\alpha| = \text{ev} \circ \langle |C_{\alpha\beta}|, |D_\alpha| \rangle : 1 \to B$．

注意 ev は巾の定義に登場した値づけ矢である．

§2.4 高階論理 λ-h.o.l. とトポス

なお念のため，矢 $|C_{\alpha\beta}D_\alpha|$ (i.e. $\text{ev}\circ\langle|C_{\alpha\beta}|,|D_\alpha|\rangle$) の状況を図示しておく．

$$\begin{array}{c}
\xymatrix{
& B^A & \\
|C_{\alpha\beta}| \nearrow & \uparrow \pi_1 & \\
1 \xrightarrow{\langle|C_{\alpha\beta}|,|D_\alpha|\rangle} B^A\times A \xrightarrow{\text{ev}} B \\
|D_\alpha| \searrow & \downarrow \pi_2 & \\
& A & \\
& & |C_{\alpha\beta}D_\alpha|
}
\end{array}$$

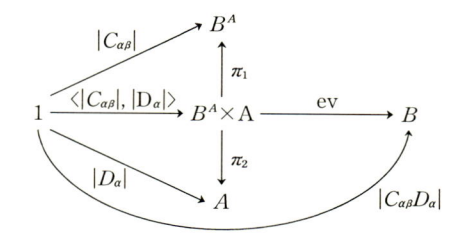

(5) 項 $C_{\alpha\beta}x_\alpha \xrightarrow{\text{int}}$ 矢 $|C_{\alpha\beta}x_\alpha|=\text{ev}\circ(|C_{\alpha\beta}|\times|x_\alpha|):1\times A\to B$．

注意 (5)は，(4)の特殊な場合で，D_α が変項 x_α となっている場合である．

なお念のため，矢 $|C_{\alpha\beta}x_\alpha|$ (i.e. $\text{ev}\circ(|C_{\alpha\beta}|\times|x_\alpha|)$ の状況を図示しておく．

$$\begin{array}{c}
\xymatrix{
& B^A & \\
|C_{\alpha\beta}|\circ\pi_1 \nearrow & \uparrow \pi_1 & \\
1\times A \xrightarrow{|C_{\alpha\beta}|\times|x_\alpha|} B^A\times A \xrightarrow{\text{ev}} B \\
|x_\alpha|\circ\pi_2 \searrow & \downarrow \pi_2 & \\
& A & \\
& & |C_{\alpha\beta}x_\alpha|
}
\end{array}$$

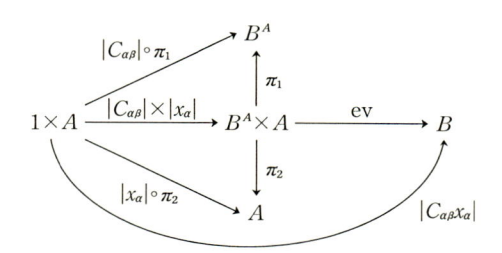

(6) 項 $\lambda x_\alpha.D_\beta \xrightarrow{\text{int}}$ 矢 $|\lambda x_\alpha.D_\beta|=\ulcorner|D_\beta|\circ\pi_1\urcorner:1\to B^A$．
ただし $\ulcorner|D_\beta|\circ\pi_1\urcorner$ は矢 $|D_\beta|\circ\pi_1$ の transpose を表わす．

注意 $\ulcorner\ \urcorner$ は，巾の定義に登場した $\widehat{}$ と同じ記号とする．

なお念のために，矢 $|\lambda x_\alpha.D_\beta|$ (i.e. $\ulcorner|D_\beta|\circ\pi_1\urcorner$) の状況を図示しておく．

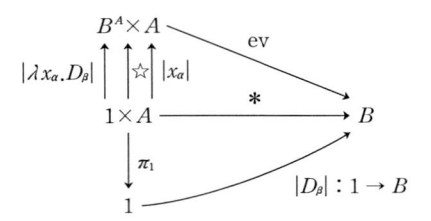

第 2 章 ト ポ ス

$$\begin{array}{c}
B^A \times A \\
|\lambda x_\alpha.D_\beta| \uparrow \quad \uparrow ☆ \quad \uparrow |x_\alpha| \quad \searrow^{\text{ev}} \\
1 \times A \xrightarrow{\quad * \quad} B \\
\downarrow \pi_1 \\
1 \xrightarrow{\quad |D_\beta|:1\to B \quad}
\end{array}$$

ここで矢☆は，$|\lambda x_\alpha.D_\beta| \times |x_\alpha|$ であり，また矢∗は $|D_\beta| \circ \pi_1 (= \text{ev} \circ ☆)$ である．よって $|\lambda x_\alpha.D_\beta| = \ulcorner |D_\beta| \circ \pi_1 \urcorner = \hat{*}$ である．

(7) 項 $\lambda x_\alpha.C_{\alpha\beta}x_\alpha \xrightarrow{\text{int}}$ 矢 $|\lambda x_\alpha.C_{\alpha\beta}x_\alpha| = |C_{\alpha\beta}| : 1 \to B^A$．

注意 (7) は (6) の D_β が $C_{\alpha\beta}x_\alpha$ となっている (6) の特殊な場合である．

なお念のために，矢 $|\lambda x_\alpha.C_{\alpha\beta}x_\alpha|$ の状況を図示しておく．

$$\begin{array}{c}
B^A \times A \\
|\lambda x_\alpha.C_{\alpha\beta}x_\alpha|=|C_{\alpha\beta}| \uparrow \quad \uparrow ☆ \quad \uparrow |x_\alpha| \quad \searrow^{\text{ev}} \\
1 \times A \xrightarrow{\quad * \quad} B
\end{array}$$

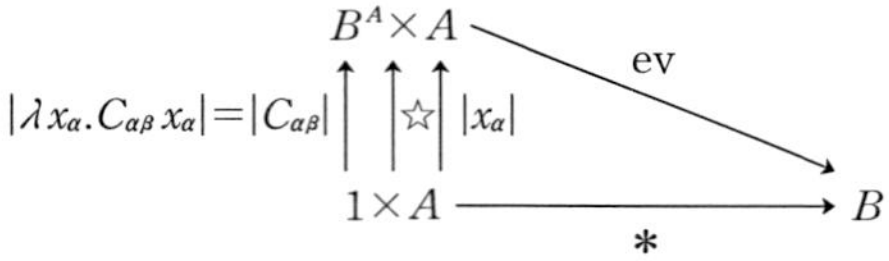

ここで矢☆は，$|C_{\alpha\beta}| \times |x_\alpha|$ であり，また矢∗は $\text{ev} \circ (|C_{\alpha\beta}| \times |x_\alpha|)$ であり，上の (5) より $|C_{\alpha\beta}x_\alpha|$ でもある．すなわち $|\lambda x_\alpha.C_{\alpha\beta}x_\alpha| = |C_{\alpha\beta}| = \hat{*} = \ulcorner |C_{\alpha\beta}x_\alpha| \urcorner$ である．

(8) 項 $C_\alpha = D_\alpha \xrightarrow{\text{int}}$ 矢 $|C_\alpha = D_\alpha| = \delta_A \circ \langle |C_\alpha|, |D_\alpha| \rangle : 1 \to \Omega$．

注意 δ_A は対角矢 Δ_A の character である．

なお念のため，矢 $|C_\alpha = D_\alpha|$ の状況を図示しておく．

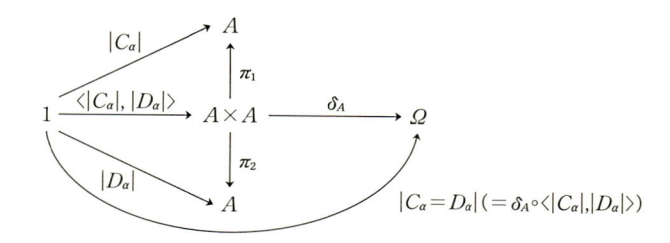

§2.4 高階論理 λ-h.o.l. とトポス

$$1 \xrightarrow{\langle |C_a|, |D_a| \rangle} A \times A \xrightarrow{\delta_A} \Omega$$

（上図：$|C_a|$ で $1 \to A$、$|D_a|$ で $1 \to A$、π_1, π_2 で $A \times A \to A$）

$|C_a = D_a| \ (= \delta_A \circ \langle |C_a|, |D_a| \rangle)$

λ-h.o.l. の解釈 ―論理記号 $\neg$, $\wedge$ について―

λ-h.o.l. の論理記号 $\neg$, $\wedge$ には，各々以下のように定義されるトポス E での矢 $\neg$, $\wedge$ を対応させる（i.e. $\neg$ は E の矢 $\neg$ と，$\wedge$ は E の矢 $\wedge$ と解釈される）．

定義（E の矢 $\neg$）

E の矢 $\neg$ は，まず偽と呼ばれる E の矢 $\bot$ が下図（左）をみたす矢として定義され，その上で下図（右）をみたす矢として定義される．すなわち E の矢 $\bot$ は，矢 0_1 の character として定義され，また E の矢 $\neg$ は，矢 $\bot$ の character として定義される．

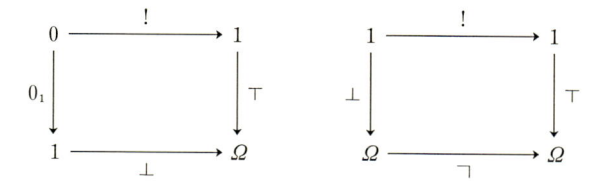

$$\begin{array}{ccc} 0 & \xrightarrow{!} & 1 \\ {\scriptstyle 0_1} \downarrow & & \downarrow {\scriptstyle \top} \\ 1 & \xrightarrow{\bot} & \Omega \end{array} \qquad \begin{array}{ccc} 1 & \xrightarrow{!} & 1 \\ {\scriptstyle \bot} \downarrow & & \downarrow {\scriptstyle \top} \\ \Omega & \xrightarrow{\neg} & \Omega \end{array}$$

ここで対象 0 は E の始対象であり，矢 0_1 は $0 \to A$（いまの場合 1）なる E の矢である． □

なお念のため，上の状況を Set なるトポスの場合でそのイメージを図示し，少し説明しておこう．まず先の図（左）に対応するイメージを示す（図 2.2）．

図 2.2

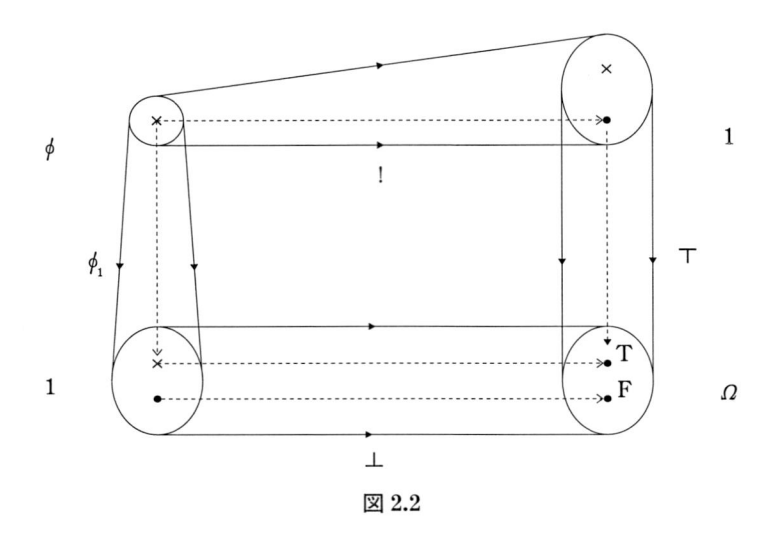

ここで×は，§2.1 で Set の場合の始対象である空集合 ϕ と ϕ なる写像を説明する際に，仮に想定した空要素を表わしている．○，......→，⊙⇄⊙ については，§2.3 で Set の場合の subobject classifier のイメージ図で使用したものと同じである．したがって上図は，写像 ϕ_1 (i.e. 空集合 ϕ の空要素 × を単一集合の空要素 × に対応づける写像) の character としての ⊥ が，単一集合の空要素 × を {T, F} の要素 T に対応させ，単一集合本来の要素を F に対応させる写像となっていることを示している．

つづいて先の図（右）に対応するイメージを示す（図2.3）．

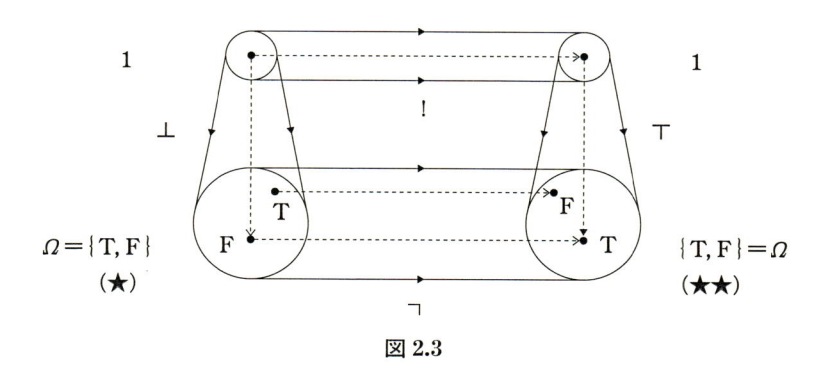

§2.4 高階論理 λ-h.o.l. とトポス

図 2.3

上図は，写像 $\bot$ の character としての写像 $\neg$ が，($\bigstar$) の $\{T, F\}$ の要素 F を ($\bigstar\bigstar$) の $\{T, F\}$ の要素 T に対応させ，($\bigstar$) の要素 T を ($\bigstar\bigstar$) の要素 F に対応させる写像となっていることを示している．

定義（E の矢 $\wedge$）

E の矢 $\wedge$ は，下図をみたす矢として定義される．すなわち矢 $\wedge$ は矢 $\langle \top, \top \rangle$ の character として定義される．

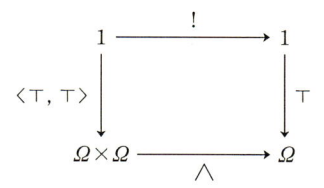

$$\begin{array}{ccc} 1 & \xrightarrow{\ !\ } & 1 \\ {\scriptstyle \langle \top, \top \rangle} \downarrow & & \downarrow {\scriptstyle \top} \\ \Omega \times \Omega & \xrightarrow[\wedge]{} & \Omega \end{array}$$

□

以上が λ-h.o.l. の $\neg$，$\wedge$ 各々に対応する E の矢 $\neg$，$\wedge$ の定義であるが，λ-h.o.l. では $\neg$，$\wedge$ は通常 t タイプの項（i.e. 式）と結合して登場する．その場合，それらは次の (1)，(2) のように解釈される．

(1) 項 $\neg C_t \xrightarrow{\ \text{int}\ }$ 矢 $|\neg C_t| = \neg \circ |C_t|$．
(2) 項 $C_t \wedge D_t \xrightarrow{\ \text{int}\ }$ 矢 $|C_t \wedge D_t| = \wedge \circ \langle |C_t|, |D_t| \rangle$．

ただし＝の右辺の $\neg$，$\wedge$ は各々 E の矢 $\neg$，$\wedge$ である．

λ-h.o.l. の解釈 ―論理記号 $\forall$ について―

論理記号 $\forall$ は，λ-h.o.l. でも通常の場合と同様に，$\forall x_a D_t$ のように x_a, D_t と結合した形で現われる．そこで論理記号 $\forall$ のトポス $\mathbb{E}$ での解釈は，$\forall x_a D_t$ についてのトポス $\mathbb{E}$ での解釈として，次のようになってくる．

$$項 \forall x_a D_t \xrightarrow{\text{int}} 矢 |\forall x_a D_t| = |\lambda x_a. D_t = \lambda x_a. \mathrm{T}_t|$$
$$= \delta_{\Omega^A} \circ \langle |\lambda x_a. D_t|, |\lambda x_a. \mathrm{T}_t| \rangle$$
$$= \delta_{\Omega^A} \circ \langle \ulcorner |D_t| \circ \pi_1 \urcorner, \ulcorner |\mathrm{T}_t| \circ \pi_1 \urcorner \rangle.$$

注意 λ-h.o.l. では定義により，$(\forall x_a D_t) = (\lambda x_a. D_t = \lambda x_a. \mathrm{T}_t)$ であったこと，また先に示した $=$ や λ を含む項の解釈を考え合せれば，上記のようになることは明らかであろう．

なお念のため，(i) $|\lambda x_a. D_t| = \ulcorner |D_t| \circ \pi_1 \urcorner$，(ii) $|\lambda x_a. \mathrm{T}_t| = \ulcorner |\mathrm{T}_t| \circ \pi_1 \urcorner$ の各々については，その状況を図示しておく．

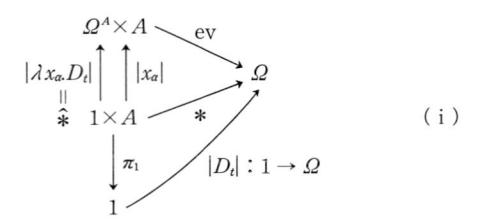

(i)

ただし，$* = |D_t| \circ \pi_1$ であり，$\hat{*} = \ulcorner |D_t| \circ \pi_1 \urcorner$ である．

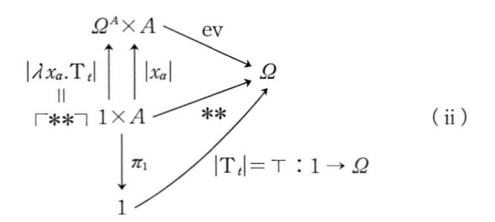

(ii)

ただし，$** = |T_t| \circ \pi_1$ であり，$\ulcorner ** \urcorner = \ulcorner |T_t| \circ \pi_1 \urcorner$ である．

λ-h.o.l. の解釈 ─$E \vDash C_t$ について─

最後に，λ-h.o.l. の以上のようなトポス E への解釈のもとでは，トポス E が λ-h.o.l. のモデルになることの一端をみておこう．すなわち公理系 λ-h.o.l. で定理として成立する項は，トポス E でその項を解釈すると真となることを，みておくことにする．そのためにまず，「λ-h.o.l. の t タイプの項 C_t は，トポス E のもとで真である」ということを，記号 $E \vDash C_t$ で表わし，次のように定義しておく．

定義（$E \vDash C_t$）
$E \vDash C_t \underset{\mathrm{df}}{\Longleftrightarrow}$ トポス E において，$|C_t| = \top$ である．
ただし，$|C_t|$ は先に順次記してきた解釈にしたがって決まる項 C_t に対応するトポス E での矢である．また $\top$ は subobject classifier の定義に登場した $\top : 1 \to \Omega$ なるトポス E での矢である． □

つづいて，さっそく次の定理を掲げておく．実際，この定理によって，トポス E が λ-h.o.l. のモデルであることが明らかとなる．

定理 λ-h.o.l. の t タイプの任意の項 C_t について，項 C_t が公理系 λ-h.o.l. の定理であるなら，$E \vDash C_t$ である．

証明 (1) 証明の方針について．まず λ-h.o.l. の四つの公理 A.1〜A.4 について，各々が $E \vDash$ 公理 となることを示す．次に，$E \vDash C_t$ のとき，λ-h.o.l. の推論規則 R. によって引き出される D_t が，$E \vDash D_t$ となること（i.e. 規則 R. が E で真であることを保存すること）を示していく．
(2) $E \vDash \mathrm{A.1}$ (i.e. $(x_\alpha = y_\alpha) \supset (A_{\alpha t} x_\alpha = A_{\alpha t} y_\alpha)$) の証明．
A.1 に対する E の矢を考える．するとそれは，

$$|(x_\alpha = y_\alpha) \supset (A_{\alpha t}x_\alpha = A_{\alpha t}y_\alpha)|$$
$$= |((x_\alpha = y_\alpha) \wedge (A_{\alpha t}x_\alpha = A_{\alpha t}y_\alpha)) = (x_\alpha = y_\alpha)| \quad (\supset \text{の定義})$$
$$= \delta \circ \langle |(x_\alpha = y_\alpha) \wedge (A_{\alpha t}x_\alpha = A_{\alpha t}y_\alpha)|, |x_\alpha = y_\alpha| \rangle \quad \cdots (1)$$

である．またここで，
$$|(x_\alpha = y_\alpha) \wedge (A_{\alpha t}x_\alpha = A_{\alpha t}y_\alpha)|$$
$$= \wedge \circ \langle |x_\alpha = y_\alpha|, |A_{\alpha t}x_\alpha = A_{\alpha t}y_\alpha| \rangle \quad \cdots (2)$$

である．

1) いま $|x_\alpha| = |y_\alpha| (= g : A \to A)$ とする．このとき，
$$|x_\alpha = y_\alpha| = \delta \circ \langle |x_\alpha|, |y_\alpha| \rangle = \delta \circ \langle g, g \rangle = \top \circ !_A = \top_A \quad \cdots (3)$$

である．また $|x_\alpha| = |y_\alpha|$ のとき，$|A_{\alpha t}x_\alpha| = \mathrm{ev} \circ (|A_{\alpha t}| \times |x_\alpha|) = \mathrm{ev} \circ (|A_{\alpha t}| \times |y_\alpha|) = |A_{\alpha t}y_\alpha| (= h : 1 \times A \to \Omega$ とおく) であり，

$$|A_{\alpha t}x_\alpha = A_{\alpha t}y_\alpha| = \delta \circ \langle |A_{\alpha t}x_\alpha|, |A_{\alpha t}y_\alpha| \rangle = \delta \circ \langle h, h \rangle = \top \circ !_{1 \times A} = \top_{1 \times A} \quad \cdots (4)$$

である．よって (3), (4) および先の (2) より，
$$|(x_\alpha = y_\alpha) \wedge (A_{\alpha t}x_\alpha = A_{\alpha t}y_\alpha)|$$
$$= \wedge \circ \langle \top_A, \top_{1 \times A} \rangle = \wedge \circ \langle \top_A, \top_A \rangle \quad (1 \times A \cong A \text{ ゆえ})$$
$$= \top_A \quad \cdots (5)$$

となる．そこで再び (3) とこの (5) より，(1) を考えると，$|\mathrm{A.1}| = \delta \circ \langle \top_A, \top_A \rangle = \top$ が得られてくる．

2) $|x_\alpha| \neq |y_\alpha|$ とする．このとき，$|x_\alpha = y_\alpha| = \delta \circ \langle |x_\alpha|, |y_\alpha| \rangle = \bot_A \quad \cdots (6)$
である．また $|x_\alpha| \neq |y_\alpha|$ のとき，
$$|A_{\alpha t}x_\alpha = A_{\alpha t}y_\alpha| = \bot_{1 \times A} = \bot_A \quad \cdots (7)$$

である．よって (6), (7) および先の (2) より，
$$|(x_\alpha = y_\alpha) \wedge (A_{\alpha t}x_\alpha = A_{\alpha t}y_\alpha)|$$
$$= \wedge \circ \langle \bot_A, \bot_A \rangle = \bot_A \quad \cdots (8)$$

となる．そこで (6), (8) より，(1) を考えると，$|\mathrm{A.1}| = \delta \circ \langle \bot_A, \bot_A \rangle = \top$ が得られてくる．

(3) $\mathbf{E} \vDash \mathrm{A.2}$ の証明．略．

(4) $\mathbf{E} \vDash \mathrm{A.3}$ (i.e. $(\lambda x_\alpha . C_{\alpha \beta}x_\alpha)D_\alpha = C_{\alpha \beta}D_\alpha$) の証明．A.3 に対する $\mathbf{E}$ の矢を考える．するとそれは，$|(\lambda x_\alpha . C_{\alpha \beta}x_\alpha)D_\alpha = C_{\alpha \beta}D_\alpha| = \delta \circ \langle |(\lambda x_\alpha . C_{\alpha \beta}x_\alpha)D_\alpha|, |C_{\alpha \beta}D_\alpha| \rangle$ である．ここで上の $\langle \ , \ \rangle$ の左部分は，$|(\lambda x_\alpha . C_{\alpha \beta}x_\alpha)D_\alpha| = \mathrm{ev} \circ \langle |\lambda x_\alpha .$

$C_{\alpha\beta}x_\alpha|, |D_\alpha|\rangle = \text{ev} \circ \langle |C_{\alpha\beta}|, |D_\alpha|\rangle$ であり，また $\langle\ ,\ \rangle$ の右部分は，$|C_{\alpha\beta}D_\alpha| = \text{ev} \circ \langle |C_{\alpha\beta}|, |D_\alpha|\rangle$ である．よって，$\text{ev} \circ \langle |C_{\alpha\beta}|, |D_\alpha|\rangle = h : 1 \to B$ とおくと，$|\text{A.3}| = \delta \circ \langle h, h\rangle = \top$ が直ちに得られてくる．

(5) $\text{E} \models \text{A.4}$ の証明．略．

(6) R. の E で真であることの保存性の証明．R. は，C_β と $A_\alpha = B_\alpha$ から，C_β で A_α が現われているところを B_α におきかえた D_β が引き出せる，という規則である（詳しくは§1.3参照）．それゆえいまの場合，$\text{E} \models C_t$ かつ $\text{E} \models A_\alpha = B_\alpha$ であるとき，$\text{E} \models D_t$ となることを示せば，R. の真の保存性を示したことになる．そこでまず，$\text{E} \models A_\alpha = B_\alpha$ ゆえ，$|A_\alpha = B_\alpha| = \delta \circ \langle |A_\alpha|, |B_\alpha|\rangle = \top$ に注意する．すると直ちに，$|A_\alpha| = |B_\alpha|$ が得られ，このとき，$|D_t| = |D_t[A_\alpha := B_\alpha]| = |C_t|$ が成立する．ここで $\text{E} \models C_t$ とすると，$|C_t| = \top$ であり，結局 $|D_t| = \top$ が得られ，$\text{E} \models D_t$ となる． □

注意 1) A.2, A.4 の証明を省略したのは，A.1 および A.3 の証明から，A.2, A.4 の証明の方向も明らかである，と考えられるからである．

2) 上の定理は，公理系についての議論では，通常「健全性の定理」(Soundness Theorem) と呼ばれているものに相当する．

§2.5† 自然数対象が存在するトポス

NNO（その1）

トポスは表現力豊かな論理であるが，数学と直結する数概念などは，どのように表現されるのであろうか．とりわけ各種の数概念の基本となる自然数や自然数についての演算は，どのように捉えられ，表現されるのであろうか．しかし実は，自然数の世界は，§2.3でトポスを定義した際，圏がトポスとなるために要求した条件だけでは，一般的には必ずしも捉えられない．すなわちトポスにおいて自然数とその演算を取り扱うには，新たに下記のように定義される自然数対象nnoの存在が，予め要請されてくる．これは，*l*-h.o.l.

の場合，自然数を取り扱うために，λ-h.o.l. が拡張され，新たにペアノの公理をみたす 0_n や s_{nn} の存在が要請された事情と同様である．

定義（自然数対象と NNO）

N をトポス E の対象とし，ζ, σ を各々 $\zeta: 1 \to N$, $\sigma: N \to N$ なるトポス E の矢とする．その上で，$1 \xrightarrow{\zeta} N \xrightarrow{\sigma} N$ が次の条件 [#] をみたすとき，N は「自然数対象」（natural number object）と呼ばれ，nno と略記される．

条件 [#]：トポス E の任意の $1 \xrightarrow{g} A \xrightarrow{h} A$ なる対象と矢に対して，下図を可換にする矢 $f: N \to A$ が一意的に存在する．

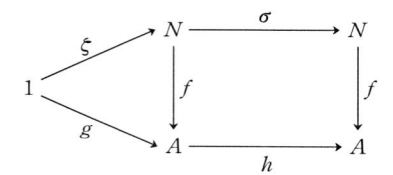

$$\begin{array}{ccccc} & & N & \xrightarrow{\sigma} & N \\ & \zeta \nearrow & \downarrow f & & \downarrow f \\ 1 & & & & \\ & g \searrow & \downarrow & & \downarrow \\ & & A & \xrightarrow{h} & A \end{array}$$

また，nno なる対象が存在する，という命題は，以下 NNO と表記される．□

注意 1) nno の ζ, σ, N は，λ-h.o.l.$^{++}$ の 0_n, s_{nn}, ω_{nt} の各々に対応している，あるいはその各々の性格を抽象したものである，といえる．

2) §1.5 で触れたように，λ-h.o.l.$^{++}$ においては，ペアノの公理をみたす 0_n, s_{nn} の存在によって帰納的作用子 R が定義され，それを使って自然数についての多くの演算は帰納的な仕方で定義される．これに対して上の条件 [#] では，新しい演算 f は，矢 g, h が与えられたとき，nno の ζ, σ, N によってその一意的存在が保証されるものとして捉えられている．すなわち条件 [#] では，nno の ζ, σ, N が，その本来的性格として，はじめから帰納的な定義を可能にする性格をもつものと捉えられている．

実際，nno が存在するトポス（i.e. NNO が成立するトポス）では次の定理が成立し，この定理にもとづいて，加法などの演算の存在が保証されることになる．

§2.5' 自然数対象が存在するトポス

定理1 トポス E において NNO が成立するとき，E の任意の $A \xrightarrow{g} B \xrightarrow{h} B$ に対して，下図を可換にする矢 $f : A \times N \to B$ が一意的に存在する．

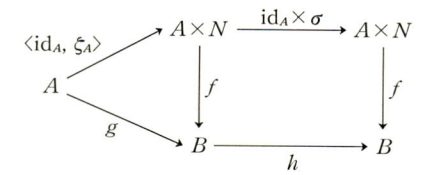

$$\begin{array}{ccccc}
& & A \times N & \xrightarrow{\mathrm{id}_A \times \sigma} & A \times N \\
& \langle \mathrm{id}_A, \xi_A \rangle \nearrow & \downarrow f & & \downarrow f \\
A & & & & \\
& \searrow g & B & \xrightarrow{h} & B
\end{array}$$

ただしここで ξ_A は，$A \xrightarrow{!_A} 1 \xrightarrow{\xi} N$ (i.e. $\xi \circ !_A$) である．

証明 $A \xrightarrow{g} B \xrightarrow{h} B$ が与えられているとする．このとき，下図のように，$h \circ \mathrm{ev}$ の transpose $\ulcorner h \circ \mathrm{ev} \urcorner$（$= h'$ とおく）として矢 $h' : B^A \to B^A$ が存在する．

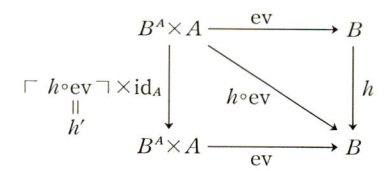

$$\begin{array}{ccc}
& B^A \times A & \xrightarrow{\mathrm{ev}} B \\
\ulcorner h \circ \mathrm{ev} \urcorner \times \mathrm{id}_A \downarrow & \searrow{h \circ \mathrm{ev}} & \downarrow h \\
\| & & \\
h' & B^A \times A & \xrightarrow{\mathrm{ev}} B
\end{array}$$

また，$A \xrightarrow{g} B$ からは，下図のように，$g \circ \pi_2$ の transpose $\ulcorner g \circ \pi_2 \urcorner$（$= g'$ とおく）として矢 $g' : 1 \to B^A$ が存在する．

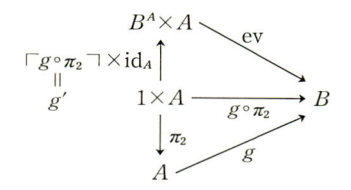

$$\begin{array}{ccc}
B^A \times A & \xrightarrow{\mathrm{ev}} & \\
\ulcorner g \circ \pi_2 \urcorner \times \mathrm{id}_A \uparrow & & B \\
\| & & \\
g' & 1 \times A \xrightarrow{g \circ \pi_2} & \\
& \downarrow \pi_2 \nearrow g & \\
& A &
\end{array}$$

すると上の h' と g' から $1 \xrightarrow{g'} B^A \xrightarrow{h'} B^A$ が考えられ，これに NNO を適用すると，下図を可換とする矢 k が一意的に存在してくる．

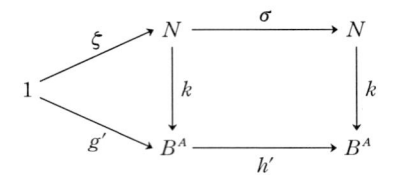

そこでこの矢 $k: N \to B^A$ を transpose とする矢 $f: A \times N \to B$ を考えれば，k に対して f は一意的に対応することから，この f が定理の矢 f であるといえる．　　　　　　　　　　　　　　　　　　　　　　　　　　□

この定理1のもとで，加法 $+_E$（トポス E での演算であるので，E を $+$ の添字として付記してある）の定義は，容易に与えられる．すなわち下図のように，定理中の A, B を各々 N とし，g を $\mathrm{id}_N: N \to N$ とし，定理中の h を $\sigma: N \to N$ として，その一意的存在が保証されている $f: N \times N \to N$ が，$+_E$ であると定義されてくる．

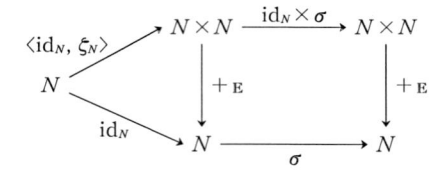

NNO（その2）

トポスにおいて加法 $+_E$ が定理1にもとづいて導入される様子を上にみたが，乗法 $\times$ や前者関数 pd などの導入に当っては，実は上の定理1ではうまくいかない．$\times$ や pd をはじめ，自然数の演算が帰納的に定義される際，§1.5 でみたように，通常その多くは次の一般的な形の特殊な場合として定義される．

§2.5† 自然数対象が存在するトポス

$$\begin{cases} f(x, 0) = g(x) \\ f(x, y+1) = h(x, y, f(x, y)) \end{cases}$$

そこでこの形の帰納的な定義に対応するトポスでの帰納的な定義を保証するためには，改めて定理2が必要となってくる．なお，そこには三つの対象からなる積が使われるゆえ，念のため，それについて簡単に触れておく．すなわち $A \times B \times C$ とは，$f : D \to A$, $g : D \to B$, $h : D \to C$ として，矢 $\pi_1 : A \times B \times C \to A$, $\pi_2 : A \times B \times C \to B$, $\pi_3 : A \times B \times C \to C$ が存在するとともに，矢 $l : D \to A \times B \times C$ が一意的に存在し，下図が可換となることをいう．また l は $\langle f, g, h \rangle$ とも表わされる．

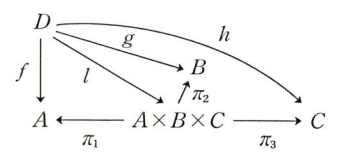

D から A へ f，D から B へ g，D から C へ h，D から $A \times B \times C$ へ l，$A \times B \times C$ から A へ π_1，$A \times B \times C$ から B へ π_2，$A \times B \times C$ から C へ π_3

定理 2 トポス $\mathbf{E}$ において NNO が成立するとき，$\mathbf{E}$ の任意の矢 $g : A \to B$ および矢 $h : A \times N \times B \to B$ に対して，下図を可換とする矢 $f : A \times N \to B$ が一意的に存在する．

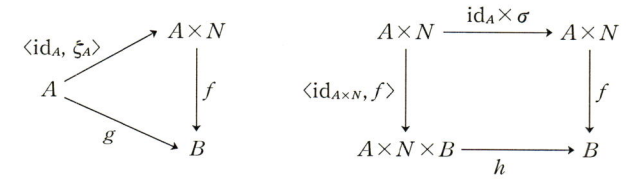

ただしここで ξ_A は，$A \xrightarrow{!_A} 1 \xrightarrow{\xi} N$ (i.e. $\xi \circ !_A$) である．

証明 $A \xrightarrow{g} B$, $A \times N \times B \xrightarrow{h} B$ が与えられているとする．このとき，$A \xrightarrow{g} B$ から，新たに矢 $\langle \mathrm{id}_A, \xi_A, g \rangle : A \to A \times N \times B$ が得られ，これを g' とする．

　また，$A \times N \times B \xrightarrow{h} B$ からは，新たに矢 $\langle \pi_1, \pi_2, h \rangle : A \times N \times B \to$

$A \times N \times B$ が得られ，これを h' とする．すなわちいま $A \xrightarrow{g'} A \times N \times B \xrightarrow{h'} A \times N \times B$ が与えられたことになる．そこでこれに定理1を適用すると，下図を可換とする矢 k が一意的に存在してくる．

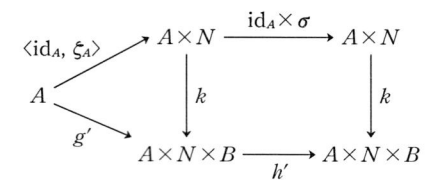

$$\begin{array}{ccc}
& A \times N & \xrightarrow{\mathrm{id}_A \times \sigma} & A \times N \\
\langle \mathrm{id}_A, \xi_A \rangle \nearrow & \downarrow k & & \downarrow k \\
A & & & \\
g' \searrow & A \times N \times B & \xrightarrow{h'} & A \times N \times B
\end{array}$$

ここで次に，この k と π_3 を使って下図のようにその合成 $\pi_3 \circ k$ を考えると，これが定理中の一意的に存在する矢 f といえる．

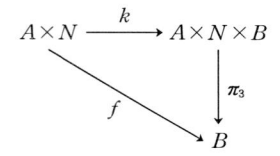

$$\begin{array}{ccc}
A \times N & \xrightarrow{k} & A \times N \times B \\
& f \searrow & \downarrow \pi_3 \\
& & B
\end{array}$$

□

さてそれではこの定理2にもとづいて，乗法 $\times_E$ や前者関数 pd_E は，NNOが成立するトポスにおいてどのように定義されるのか，この点をみていく（トポスEでの演算であるので，$\times$, pd の各々にEを添字として付記してある）．しかしその前に，定理2の特殊な場合として，三つの事柄［1］，［2］，［3］が成立することを，予め確認しておく．

［1］ $g: A \to B$ および $h': A \times B \to B$ が与えられたとき，下図を可換する矢 $f: A \times N \to B$ が一意的に存在する．

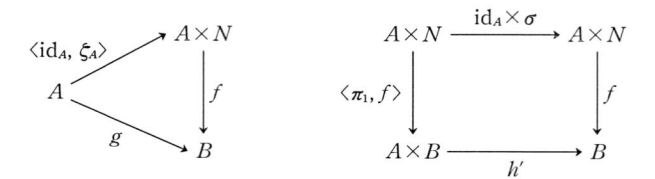

$$\begin{array}{ccc}
& A \times N & & A \times N & \xrightarrow{\mathrm{id}_A \times \sigma} & A \times N \\
\langle \mathrm{id}_A, \xi_A \rangle \nearrow & \downarrow f & & \downarrow \langle \pi_1, f \rangle & & \downarrow f \\
A & & & & & \\
g \searrow & B & & A \times B & \xrightarrow{h'} & B
\end{array}$$

実際［1］は，定理2の h を $h' \circ \langle \pi_1, \pi_3 \rangle : A \times N \times B \to B$ (i.e. $A \times N \times$

§2.5† 自然数対象が存在するトポス   103

$B \xrightarrow{\langle \pi_1, \pi_3 \rangle} A \times B \xrightarrow{h'} B$) とすることによって成立する．

［2］ $g: A \to B$ および $h': N \times B \to B$ が与えられたとき，下図を可換とする矢 $f: A \times N \to B$ が一意的に存在する．

$$
\begin{array}{ccc}
& \xrightarrow{\langle \mathrm{id}_A, \xi_A \rangle} & A \times N \\
A & & \downarrow f \\
& \searrow_{g} & B
\end{array}
\qquad
\begin{array}{ccc}
A \times N & \xrightarrow{\mathrm{id}_A \times \sigma} & A \times N \\
{\scriptstyle \langle \pi_2, f \rangle} \downarrow & & \downarrow f \\
N \times B & \xrightarrow{h'} & B
\end{array}
$$

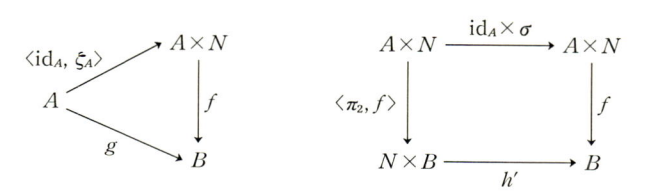

実際［2］も，定理2の h を $h' \circ \langle \pi_2, \pi_3 \rangle : A \times N \times B \to B$ (i.e. $A \times N \times B \xrightarrow{\langle \pi_2, \pi_3 \rangle} N \times B \xrightarrow{h'} B$) とすることによって成立する．

［3］ $g: 1 \to B$ および $h'': N \to B$ が与えられたとき，下図を可換とする矢 $f: N \to B$ が一意的に存在する．

$$
\begin{array}{ccc}
& \xrightarrow{\xi} & N \\
1 & & \downarrow f \\
& \searrow_{g} & B
\end{array}
\qquad
\begin{array}{ccc}
N & \xrightarrow{\sigma} & N \\
{\scriptstyle h''} \searrow & & \swarrow f \\
& B &
\end{array}
$$

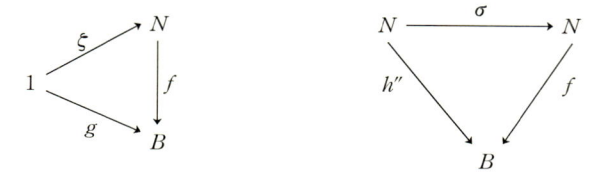

これは，上の［2］における A を1とし，$1 \times N \cong N$ であることに注意しつつ，さらに［2］の $h': N \times B \to B$ を $h'' \circ \pi_1 : N \times B \to B$ (i.e. $N \times B \xrightarrow{\pi_1} N \xrightarrow{h''} B$) とすることによって成立する．

以上，定理2の特殊な場合として三つの事柄を確認したが，その事柄を踏えるとき，NNO が成立するトポスでの $\times_E$, pd_E の定義は，各々容易に与えられる．

(1) 乗法 $\times_E$ の定義．これは上の［1］における A, B を各々 N とし，g を ξ_N とし，さらに h' を先に定義した $+_E$ とすればよい．すなわち $\times_E$ は下図を可換とする一意的に存在する矢として定義される．

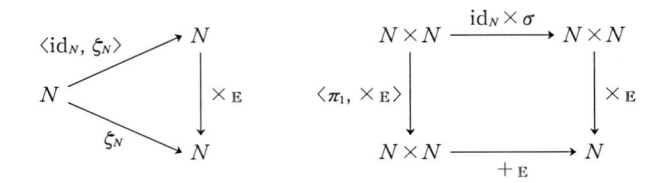

$$\begin{array}{ccc} & \langle \mathrm{id}_N, \xi_N \rangle & N \\ & \nearrow & \\ N & & \downarrow \times_\mathrm{E} \\ & \searrow & \\ & \xi_N & N \end{array} \qquad \begin{array}{ccc} N \times N & \xrightarrow{\mathrm{id}_N \times \sigma} & N \times N \\ \langle \pi_1, \times_\mathrm{E} \rangle \downarrow & & \downarrow \times_\mathrm{E} \\ N \times N & \xrightarrow{+_\mathrm{E}} & N \end{array}$$

(2) 前者関数 pd_E の定義．これは上の［3］における B を N とし，g を ξ とし，さらに h'' を $\mathrm{id}_N : N \to N$ とすればよい．すなわち pd_E は下図を可換とする一意的に存在する矢として定義される．

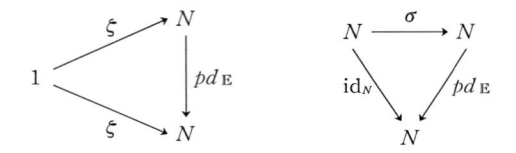

$$\begin{array}{ccc} & \xi & N \\ & \nearrow & \\ 1 & & \downarrow pd_\mathrm{E} \\ & \searrow & \\ & \xi & N \end{array} \qquad \begin{array}{ccc} N & \xrightarrow{\sigma} & N \\ \mathrm{id}_N \searrow & & \swarrow pd_\mathrm{E} \\ & N & \end{array}$$

NNO とペアノの要請

 NNO が成立するトポスでは，自然数についての演算が帰納的に定義できることが，これまでの解説で明らかになったといえよう．そこで次に，λ-h.o.l.$^{++}$ ではその公理としてはじめから前提されたペアノの要請と NNO との関係が，どのようになっているかを少しみてみることにする．しかし実は，ペアノの公理に相当するトポスでの事柄は，すべて NNO から引き出されることが，後の定理 3 で明らかにされてくる．それゆえそのような結論に達するためにも，まずはペアノの要請の各々が，NNO が成立するトポスにおいてどのように表現されるかからみていくことにする．

(1) 任意の $x \in \omega$ に対して，$s(x) \neq 0$ であるという要請について（ただし ω：自然数の集合，s：後者関数とする）．これは，トポスでは，任意の矢 $g : 1 \to N$ に対して，下図が可換とならないこととして捉えられる．

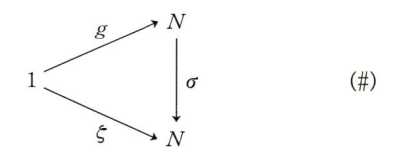

§2.5† 自然数対象が存在するトポス

$$\begin{array}{c} & g \nearrow N \\ 1 & \downarrow \sigma \quad\quad (\#) \\ & \xi \searrow N \end{array}$$

なお，トポスでのこの要請を P1 と表記する．

(2) 任意の $x, y \in \omega$ に対して，$s(x) = s(y) \supset x = y$ であるという要請について（ただし ω, s は(1)の場合と同じとする）．これは，トポスでは，$\sigma: N \to N$ が mono であることとして捉えられる．

なお，トポスでのこの要請を P2 と表記する．

(3) ω の任意の部分集合 A について，1) $0 \in A$ かつ 2) $\forall x (x \in A \supset s(x) \in A)$ であるとき，$A = \omega$ であるという要請について（ただし ω, s は(1), (2)の場合と同じとする）．これは，トポスでは，N の任意の部分対象 $f: A \rightarrowtail N$ について，1) $\xi \in f$ かつ 2) $\sigma \circ f \subseteq f$ であるとき，$f = \mathrm{id}_N$ であることとして捉えられる．ただし，$\xi \in f$ および $\sigma \circ f \subseteq f$ とは，下図の各々を可換とする矢 g, h が存在することである．

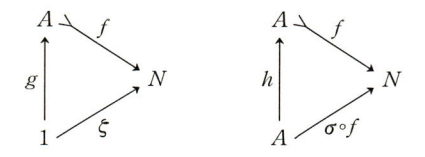

$$\begin{array}{cc} A \searrow f & A \searrow f \\ g \uparrow \quad N & h \uparrow \quad N \\ 1 \quad \xi \nearrow & A \quad \sigma \circ f \nearrow \end{array}$$

なお，トポスでのこの要請を P3 と表記する．

つづいて，NNO が成立するトポスで表現されたペアノの要請 P1, P2, P3 の各々が，NNO が成立するトポスにおいて引き出されることをみてみる．

定理 3 トポス E で NNO が成立するとき，トポスでのペアノの要請 P1, P2, P3 の各々は成立する．

証明 (1) P1 について．ある $g: 1 \to N$ が存在して，$\sigma \circ g = \xi$ (i.e. 先の

図（#）は可換）であると仮定する（背理法の仮定）．すると，pd_E をトポスでの前者関数とするときに，$pd_E \circ \sigma \circ g = pd_E \circ \xi$ が成立し，$pd_E \circ \sigma = \mathrm{id}_N$ かつ $pd_E \circ \xi = \xi$ （ともに pd_E の定義から）ゆえ，結局 $\mathrm{id}_N \circ g = \xi$ (i.e. $g = \xi$) を得る．するとさらにこの結果と上の仮定を再び使って，$\sigma \circ \xi = \sigma \circ g = \xi$ …（※）を得る．ところでまた，矢 $\bot$ (i.e. §2.4 に登場した偽なる矢) と $\neg$ (i.e. §2.4 に登場した否定の矢) から，NNO により下図を可換とする矢 f が一意的に存在する．

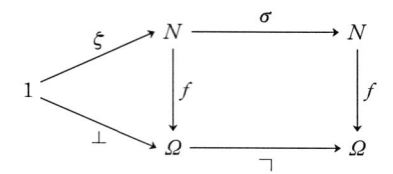

$$\begin{array}{c} & \xi \nearrow N \xrightarrow{\sigma} N \\ 1 & \downarrow f \quad \downarrow f \\ & \bot \searrow \Omega \xrightarrow{\neg} \Omega \end{array}$$

すると以上より，$\top = \neg \circ \bot = f \circ \sigma \circ \xi$（上図による）$= f \circ \xi$（上の（※）による）$= \bot$（上図による）となる．すなわち $\top = \bot$ となり，よって P1 の（#）は可換ではない．

(2) P2 について．$\sigma \circ f = \sigma \circ g$ とする．ここで pd_E を使うと，$pd_E \circ \sigma \circ f = pd_E \circ \sigma \circ g$ であり，$pd_E \circ \sigma = \mathrm{id}_N$ ゆえ，結局 $f = g$ を得る．すなわち σ は mono である．

(3) P3 について．$f: A \rightarrowtail N$ とし，さらに $\xi \in f$ かつ $\sigma \circ f \subseteq f$ であるとする．すなわち下図の各々を可換とする矢 g, h が存在するとする．

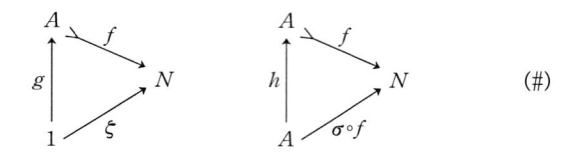

$$\begin{array}{cc} A & A \\ g \uparrow \searrow f & h \uparrow \searrow f \\ 1 \xrightarrow{\xi} N & A \xrightarrow{\sigma \circ f} N \end{array} \quad (\#)$$

ここで矢 k を，上の g と h から NNO によって一意的に存在する矢とする．すなわち k を，下図を可換とする一意的に存在する矢とする．

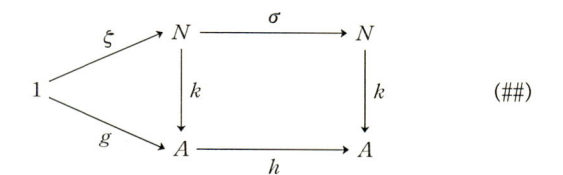

$$
\begin{array}{c}
\xi \nearrow N \xrightarrow{\sigma} N \\
1 \quad \downarrow k \quad \downarrow k \quad (\#\#) \\
g \searrow A \xrightarrow{h} A
\end{array}
$$

また上の (#) からは，可換な下図を得られる．

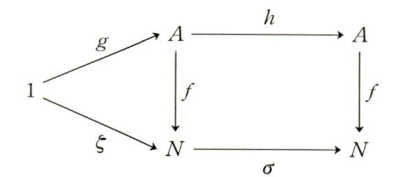

$$
\begin{array}{c}
g \nearrow A \xrightarrow{h} A \\
1 \quad \downarrow f \quad \downarrow f \\
\xi \searrow N \xrightarrow{\sigma} N
\end{array}
$$

そこでこの図を (##) と合せると，全体が可換な下図が得られる．

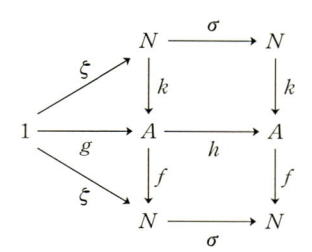

$$
\begin{array}{c}
N \xrightarrow{\sigma} N \\
\xi \nearrow \downarrow k \quad \downarrow k \\
1 \xrightarrow{g} A \xrightarrow{h} A \\
\xi \searrow \downarrow f \quad \downarrow f \\
N \xrightarrow{\sigma} N
\end{array}
$$

するとこの図は，$f \circ k$ が ξ と σ から NNO によって定義されていること示しているといえる．また同時に，$f \circ k$ が id_N となっていることをも示している．すなわち下図が可換となっており，これは $\mathrm{id}_N \subseteq f$ をも表わしている．

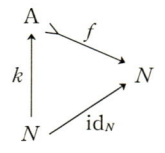

$$
\begin{array}{c}
A \searrow f \\
k \uparrow \quad \searrow N \\
N \xrightarrow{\mathrm{id}_N}
\end{array}
$$

一方，$f \subseteq \mathrm{id}_N$ は，任意の f について成立するゆえ，上の結果と合せるとき，$\mathrm{id}_N = f$ が成立する． □

以上により，NNO が成立するトポスでは，自然数の世界が十分取り扱えることが明らかとなった．しかしこの§の冒頭でも触れたように，一般的には NNO の成立はトポスであることの条件には含まれていない．したがって自然数の世界をトポスで取り扱うためには，一般的には改めて NNO の成立がその条件として加えられる，ということになる．

しかし個々の具体的なトポスでは，自づと NNO が自然に成立してくるトポスもあることを，ひとこと注意しておく．たとえば自然数の集合 ω をその対象の一つとしている Set をはじめ，後述する §3.1 の $\mathrm{Bn}(I)$ や，§5.2 の $\mathrm{Top}(I)$ などがその例であり，また $\mathrm{Set}^{\mathbf{C}}$（§3.2 で触れる圏 $\mathbf{C}$ から圏 Set への関手を対象とする圏であり，トポスとなる圏）もその例である．すなわち Set，$\mathrm{Bn}(I)$，$\mathrm{Top}(I)$，$\mathrm{Set}^{\mathbf{C}}$ では，自ずと自然数などの数概念も処理できるトポスとなっている．

第3章　トポスの基本定理

　第2章では，$\mathcal{L}$-h.o.l. がトポスによって解釈できることを確認した．では豊かな表現力をもつ $\mathcal{L}$-h.o.l. が写し込まれるトポスなる言語は一体どのような性格をもっているのであろうか．まず第一には，トポスは圏の一種として矢を中心とした言語である，という性格が指摘できる．それゆえトポスは，$\mathcal{L}$-h.o.l. と同様に対応関係や変化(性)の表現に適した言語になっている．また第二には，トポスではそこで表現される種々の状況が，すべて最終的には終対象，積，巾，subobject classifier のみを使って表現されるような言語となっている，という性格が指摘できる．すなわちトポスは，上記四つの基礎概念が表わす状況を，原始的なものと捉えている言語である．しかもこの四つの原始的な状況は，〈結び〉において触れるように，われわれの知性の基本的な性格と自然に対応しており，それゆえトポスは，われわれの知性にとって，きわめて基底的な言語ともなっている．

　さらに第三には，トポスではまさにこの第3章で取り上げる「トポスの基本定理」が成立する言語となっている，という性格がある．詳しくは本文に譲るとして，「基本定理」のおおよそをいえば，トポスのある任意の一構成要素を中心にして，改めてそのトポス全体を捉え直してみても，相変らずトポスのままである，といった内容をもつ定理である．すなわちトポスには，トポスなる構造自体はいわばその内部のどのような視座からみても保存される，という特性が備わっているといえる．そしてこのことは，トポスが際立った普遍性をもつ言語であることを示唆している．

とにかく以上のように，λ-h.o.l. が写し込まれるトポスという言語は，われわれの知性の性格を理解する上で，大変興味深い言語となっている．

以下はじめの§3.1 では，「基本定理」への接近の前座として，トポスの一例でもある I 上バンドルの圏 Bn(I) を紹介する．つづく§3.2 では，「基本定理」にとって欠かせない関手の概念と関手間の随伴関係を解説する．その上で，§3.3，§3.4 において，「基本定理」とその証明を提示していく．

§3.1　I 上バンドルの圏 Bn(I)

I 上バンドル

この§3.1 では，I 上バンドルの各々を対象とし，またそれらの間の対応関係を矢とする I 上バンドルの圏 Bn(I) に注目し，それがトポスの一例であることをみておく．このことは，この章の中心テーマであるトポスの基本定理を理解するに当って，その前置きとして大変有効である．そこでまずは，圏 Bn(I) の定義の前提となる I 上バンドルなる構造について，その定義を二つほど与えることからはじめる．

定義 1　(I 上バンドル)
I を添字（i.e. 指標）の集合とし，A_i ($i \in I$) を各々集合とする．このとき，条件 [#] をみたす A_i たちの集まり $\{A_i \mid i \in I\}$ は，「I 上における集合のバンドル」(bundle of sets over I) または簡単に「I 上バンドル」(bundle over I) と呼ばれる．

条件 [#]：$i \neq j$ なる $i, j \in I$ について，$A_i \cap A_j = \phi$ である．　　□

定義 2　(I 上バンドル)
I を添字（i.e. 指標）の集合とし，A_i ($i \in I$) を各々集合とする．このとき，条件 [##] をみたす集合 A と写像 f からなる対 $\langle A, f \rangle$ は，「I 上における集合のバンドル」(bundle of sets over I) または簡単に「I 上バンド

ル」(bundle over I) と呼ばれる．

条件 [##]：(1) $A = \bigcup A_i$．　(2) $f : A \to I$ かつ $f^{-1}(\{i\}) = A_i$．ただし $f^{-1}(\{i\})$ は，$\{i\}$ の f による逆像を表わしている． □

注意　定義1も定義2も，もとより同じ内容の事柄であるが，以下では主に定義2の方を採用していく．また呼び方については，「I 上バンドル」の方を採用していく．

なお I 上バンドルの定義1，2に関連して，ストーク，ジャームなどの用語の定義も与えておく．

定義（ストーク，ジャーム，ストーク・スペース）

定義1，2における A_i 各々は，（f の）i 上の「ストーク」(stalk) または「ファイバー」(fibre) と呼ばれる．また A_i 各々の要素は i 上の「ジャーム」(germ) と呼ばれる．またさらに，定義2に現われる A ($= \bigcup_{i \in I} A_i$) は，「ストーク・スペース」(stalk space) と呼ばれる． □

注意　stalk には茎，germ には（幼）芽なる訳語が与えられることがある．また bundle には，これと平行して管束なる訳語が与えられることがある．しかし以下では，茎，芽，管束なる用語は使用しない．なお，stalk space は，とくに l'space étale と呼ばれることもある．

またここに，上記した I 上バンドルの構造について，念のためそのイメージ図も添えておく（図3.1）．

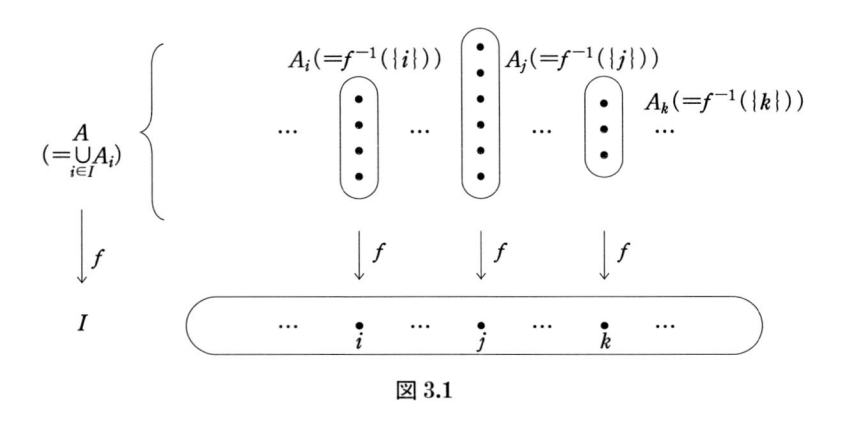

$$A_i(=f^{-1}(\{i\})) \quad A_j(=f^{-1}(\{j\})) \quad A_k(=f^{-1}(\{k\}))$$

図 3.1

セクション

次に，I 上バンドルとも関係し，また §3.4 で使用することにもなるセクションと呼ばれる矢の定義を与えておこう．

定義（セクション）

圏 C において，A，B 各々をその対象とし，f を $f: A \to B$ なる矢とする．このとき，$f \circ s = \mathrm{id}_B$ をみたす $s: B \to A$ なる矢は，矢 f の「セクション」(section) と呼ばれる．

なお，$f: A \to B$ は一般には epi ではないことから，$\mathrm{dom}\, s = B$ とはいえない．この場合 (i.e. $\mathrm{dom}\, s \neq B$ で $\mathrm{dom}\, s \rightarrowtail B$ のとき)，s は $s: B \rightsquigarrow A$ であり，s は「局所的なセクション」(local section) と呼ばれる． □

注意 以下ではセクションを片仮名ではなく，section と表記していく．

以上が section s の定義であるが，I 上バンドル $\langle A, f \rangle$ についていえば，section $s: I \to A$ は，任意の $i \in I$ について，$f \circ s(i) = i$ をみたす写像といえる．すなわち I 上バンドルの section s は，各 $i\, (\in I)$ のストーク A_i からその要素 (i.e. ジャーム) を一つずつ選択する写像となっている．またこ

§3.1　I 上バンドルの圏 Bn(I)　　　　113

のとき，各々の A_i からいかなる要素が一つずつ選択されるかは s によって決まるわけであり，しかもその選択の仕方は種々あることから，f の section s は多数あることになる．ということは，結局 I 上バンドル $\langle A, f \rangle$ は，f の section s なる写像たちの集合である，あるいは f の section s なる写像たちが I 上で層をなしている構造である，ともいうことができる．

　なお，I 上バンドル $\langle A, f \rangle$ の f について epi でない場合は，ある $i \in I$ について $s(i)$ は値をもたず，s は $s : I \rightsquigarrow A$ なる部分写像（i.e. 局所的な section）となることはいうまでもない．またその場合，$\langle A, f \rangle$ はそうした局所的な section s たちが I 上で層をなしている構造となってくる．I 上バンドル $\langle A, f \rangle$ と section s との関係について，念のためそのイメージ図を添えておく（図 3.2）．

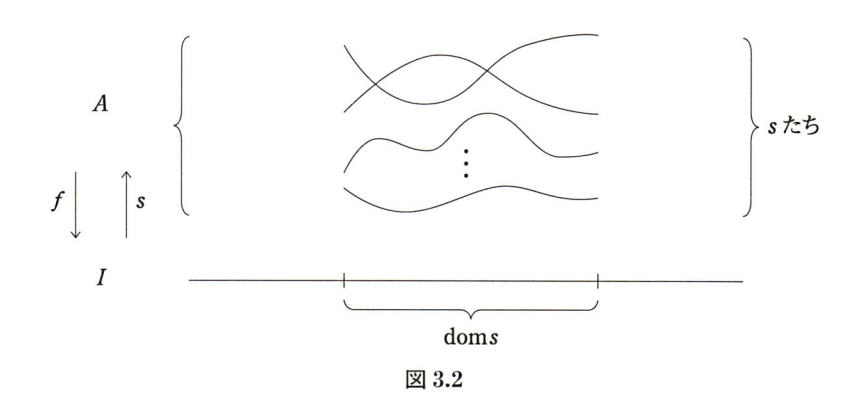

図 3.2

I 上バンドルの圏 Bn(I)

先の I 上バンドルの定義を踏まえて，いよいよ I 上バンドルの圏 Bn(I) の定義を与えよう．

定義（圏 Bn(I)）
　I 上バンドル $\langle A, f \rangle$，$\langle B, g \rangle$，… をその対象とし，下記の条件 [#] をみたす写像 k を対象間の矢とする圏は，「I 上バンドルの圏」（category of

bundles over I) と呼ばれ，記号 $\mathrm{Bn}(I)$ で表わされる．
　条件 [#]：下図は可換（i.e. $g \circ k = f$）である．

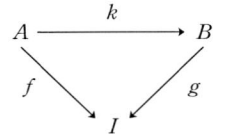

$$\begin{array}{ccc} A & \xrightarrow{k} & B \\ & \searrow_{f} \quad \swarrow_{g} & \\ & I & \end{array}$$

□

　注意　k は $\langle A, f \rangle$ の i 上のジャームたちを $\langle B, g \rangle$ の i 上のジャームたちに対応させる写像となっている．

　以上が圏 $\mathrm{Bn}(I)$ の定義であるが，以下引きつづき，この $\mathrm{Bn}(I)$ がトポスであることを確認していくことにする．すなわちこの $\mathrm{Bn}(I)$ には，終対象，p.b.，subobject classifier，巾の各々が存在することを，順次みていくことにする．

$\mathrm{Bn}(I)$ の終対象と p.b.

　はじめに $\mathrm{Bn}(I)$ の終対象 1 についてであるが，これは集合 I と写像 $\mathrm{id}_I : I \to I$ とからなる I 上バンドル $\langle I, \mathrm{id}_I \rangle$ と考えられる（i.e. $\mathrm{Bn}(I)$ の $1 = \langle I, \mathrm{id}_I \rangle$）．また一般に終対象 1 には，その定義から任意の対象 A について，$!_A : A \to 1$ なる一意的な矢 $!_A$ が存在しなければならないが，$\mathrm{Bn}(I)$ の 1 の場合の ! は次のように考えられる．すなわち $\mathrm{Bn}(I)$ の任意の対象（i.e. 任意の I 上バンドル）$\langle A, f \rangle$ について，$! : \langle A, f \rangle \to 1 \,(= \langle I, \mathrm{id}_I \rangle)$ なる一意的な矢 ! は，下図のように，$f : A \to I$ である，と考えられる．

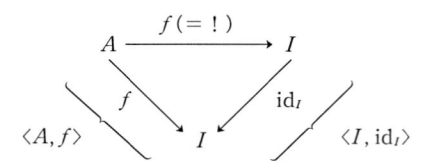

$$\begin{array}{ccc} A & \xrightarrow{f(=!)} & I \\ & \searrow_{f} \quad \swarrow_{\mathrm{id}_I} & \\ \langle A, f \rangle & I & \langle I, \mathrm{id}_I \rangle \end{array}$$

　注意　id_I の i 上ストークは，$\mathrm{id}_I^{-1}(\{i\}) = \{i\}$ なる単一集合であり，集合の

§3.1 I 上バンドルの圏 Bn(I)

圏 Set の終対象 1 に相当している．

次に Bn(I) の p.b. についてみてみる．そのためにはまず，下図が可換となっているような I 上バンドル間の矢 $k : \langle A, f \rangle \to \langle C, h \rangle$ と $l : \langle B, g \rangle \to \langle C, h \rangle$ とが与えられているとする．

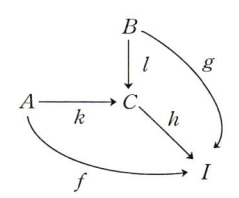

すると上記における A, B, C は各々集合であり，k, l は集合間の写像であることから，これらは圏 Set の対象と矢とも考えられ，このような A, B, C および k, l について，Set では下図（左）のような p.b. となる集合 P が存在する．すると下図（右）のような写像 $j : P \to I$ も考えられ，この j と P とからなる対である I 上バンドル $\langle P, j \rangle$ が，結局 Bn(I) での p.b. と考えられる．また p.b. の定義から必要となる $\langle P, j \rangle$ に伴うべき Bn(I) の $\langle A, f \rangle$, $\langle B, g \rangle$ への矢も，下図（右）のように，$p : \langle P, j \rangle \to \langle A, f \rangle$ および $q : \langle P, j \rangle \to \langle B, g \rangle$ がそれらに相当するものと考えられてくる．

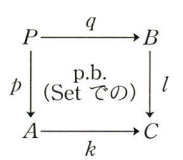

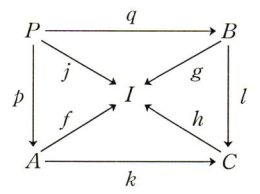

注意 $\langle P, j \rangle$ において，i 上のストーク $j^{-1}(\{i\})$ は，$j^{-1}(\{i\}) = \{\langle x, y \rangle \mid x \in A_i \text{ かつ } y \in B_i \text{ かつ } j(\langle x, y \rangle) = i\} = \{\langle x, y \rangle \mid x \in A_i \text{ かつ } y \in B_i \text{ かつ } k(x) = l(y)\}$ となっている．

Bn(I) の subobject classifier

つづいて Bn(I) の subobject classifier Ω であるが，これは集合 $2\times I$（ただし $2=\{T, F\}$）と写像 $\pi_2: 2\times I \to I$ とからなる I 上バンドル $\langle 2\times I, \pi_2\rangle$ と考えられる．また subobject classifier の定義において，一般に Ω に必ず伴う矢 $\top: 1 \to \Omega$ は，上の Bn(I) の Ω の場合，$\top: I \to 2\times I$ かつ $\top(i) = \langle T, i\rangle$ となる写像 $\top$ と考えられる．さらに Bn(I) の subobject classifier Ω が，Bn(I) の対象 $\langle B, g\rangle$ からその部分対象 $\langle A, f\rangle$ を分出する様子およびその際の Bn(I) における character χ_k は，下図のように考えられる．

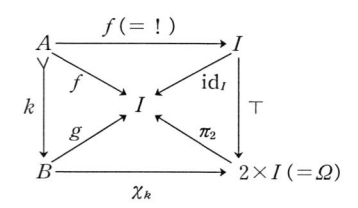

$$\begin{array}{c}
A \xrightarrow{f(=!)} I \\
\downarrow k \quad f \searrow \quad \downarrow \mathrm{id}_I \quad \top \\
\quad \quad I \quad \nearrow \pi_2 \\
B \xrightarrow[\chi_k]{g} 2\times I (=\Omega)
\end{array}$$

注意 1) 集合 $2\times I$ は，$\{T\}\times I$ と $\{F\}\times I$ なる二つの集合の合併集合である（i.e. $2\times I = \{\langle T, i\rangle \mid i\in I\}\cup\{\langle F, i\rangle \mid i\in I\}$）．なお明らかに，$\{T\}\times I \cap \{F\}\times I = \phi$ となっている．

2) Bn(I) の Ω において，i 上のストーク Ω_i は，$\Omega_i = \{\langle T, i\rangle, \langle F, i\rangle\} (= 2\times\{i\})$ である．

ところで圏 Set では，その subobject classifier Ω は集合 $\{T, F\} (=2)$ であり，その要素である真理値は二つしかなかった．しかし Bn(I) の subobject classifier Ω の要素である真理値は二つ以上多数あり得る（I が無限集合の場合は無限個である）．このことは Bn(I) の Ω の大きな特徴でもあるので，以下少しばかり注目しておこう．

そのためにまず Bn(I) において，終対象 $1 (=\langle I, \mathrm{id}_I\rangle)$ の部分対象 $h: \langle A, f\rangle \rightarrowtail 1 (=\langle I, \mathrm{id}_I\rangle)$ を考えてみる．すると下図が可換であることから，h は I の部分集合である $f: A \rightarrowtail I$ と同一視できることに注意する．すなわち 1 の部分対象 h は，I の部分集合 f と同一視できる．

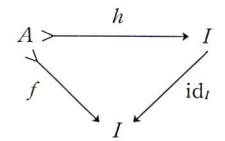

$$\begin{array}{ccc} A & \xrightarrow{h} & I \\ {\scriptstyle f}\searrow & & \swarrow{\scriptstyle \mathrm{id}_I} \\ & I & \end{array}$$

一方，§2.3 の subobject classifier の定義の注意 2）ですでに言及したように，一般に $\mathbb{C}(B, \Omega) \cong \mathrm{Sub}(B)$ が成立する．よってこの関係をいまの場合に直ちに適用すれば，$\mathrm{Bn}(I)(1, \Omega) \cong \mathrm{Sub}(1) (= \mathrm{P}(I))$ が成立する．すなわち $\mathrm{Bn}(I)$ における $1 \to \Omega$ なる矢の全体と $\mathrm{Bn}(I)$ の終対象 1 の部分対象の全体との間には，全単射の関係が成立している．したがって $1 \to \Omega$ の矢の数は，上に注意したように，I の部分集合の集合（i.e. I の巾集合 $\mathrm{P}(I)$）の要素の数と同じになり，$1 \to \Omega$ の矢の数は数多く存在することになる．しかもさらに，これまた §2.1 の終対象の定義につづく部分で言及したように，一般に $1 \to A$ は A の要素であることも考え合せるとき，結局 $\mathrm{Bn}(I)$ の Ω の要素の数（i.e. 真理値の数）は多数存在する，と結論づけられる．

Bn(I) の巾

最後に $\mathrm{Bn}(I)$ での巾についてみてみよう．実際，$\mathrm{Bn}(I)$ に巾が存在することが確認できれば，いままでの結果と合せて，$\mathrm{Bn}(I)$ がトポスであること，トポスの一例であることが明らかとなる．

そこでまず，$\mathrm{Bn}(I)$ の I 上バンドル $\langle A, f \rangle$，$\langle B, g \rangle$ が与えられているとする．このとき $\mathrm{Bn}(I)$ の巾は，下記の (1)，(2) のような集合 E と写像 p とからなる I 上バンドル $\langle E, p \rangle$ と考えられる (i.e. $\langle B, g \rangle^{\langle A, f \rangle} = \langle E, p \rangle$)．

(1) 集合 E について．まず集合 $D_i (i \in I)$ を，下図が可換となるような写像 k たちの集まり全体とする．ただし k は，f の i 上ストーク A_i から g の i 上ストーク B_i への写像であり，また f^* は f と高々始域を異にする以外は f と同じ写像である．

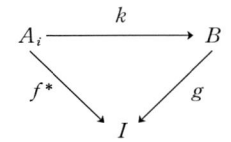

$$\begin{array}{ccc} A_i & \xrightarrow{k} & B \\ & \searrow{f^*} \swarrow{g} & \\ & I & \end{array}$$

しかしこのような集合 D_i は，$i \neq j$ であっても $D_i \cap D_j \neq \phi$ となり得ることから，D_i に代って新たに $E_i = \{i\} \times D_i$ なる集合を考える．その上で，それらを合併した集合として E を考える（i.e. $E = \cup \{E_i \mid i \in I\}$）．

(2) 写像 $p: E \to I$ について．集合 E の要素は，$\langle i, k \rangle$ の形をしていることから，$p(\langle i, k \rangle) = i$ なる射影 p が考えられる．この射影 p を $p: E \to I$ と考える．

以上が $\mathrm{Bn}(I)$ の巾として考えられる $\langle E, p \rangle$ であるが，一般に巾の定義に現われる値づけなる矢 ev は，$\mathrm{Bn}(I)$ の巾の場合には次のように考えられる．すなわち ev: $\langle E, p \rangle \times \langle A, f \rangle \to \langle B, g \rangle$ は，$\mathrm{ev}(\langle \langle i, k \rangle, x \rangle) = k(x)$ と考えられる．

注意 上に述べた事柄は，そのおおよその内容をいえば，$\mathrm{Bn}(I)$ の巾 $\langle B, g \rangle^{\langle A, f \rangle}$ なる I 上バンドルとして，A の i 上ストーク A_i と B の i 上ストーク B_i からつくられる集合の巾 $B_i^{A_i}$ たちの合併集合（i.e. $\cup \{B_i^{A_i} \mid i \in I\}$）が考えられる，ということである．

§3.2 関　　手

関　　手

圏とは対象と矢から成り立つ一つの世界であり，そしてそうした圏には種々のものが，数多く存在する．そこで当然のことながら，そうした圏同士の間の対応関係などが，新たに問題となってくる．この § では，このような圏同士の対応関係ともいえる関手について，この章の中心テーマであるトポ

スの基本定理を取り扱う上で是非必要となる限りの事柄を中心に，少しばかり取り上げることにする．まずはその定義を与え，また簡単な例をみておこう．

定義（関手）

$\mathbb{B}$，$\mathbb{C}$を各々圏とする．そのうえでFが下記の(1)〜(3)をみたすとき，Fは$\mathbb{B}$から$\mathbb{C}$への「関手」(functor) と呼ばれ，記号$F: \mathbb{B} \to \mathbb{C}$で表わされる．

(1) Fは，$\mathbb{B}$，$\mathbb{C}$各々に属する対象間の写像となっている．(i.e. ob($\mathbb{B}$), ob($\mathbb{C}$)で$\mathbb{B}$，$\mathbb{C}$各々の対象たちの集まりを表わすとき，Fは$F: \text{ob}(\mathbb{B}) \to \text{ob}(\mathbb{C})$なる写像となっている．)

(2) Fは，$\mathbb{B}$に属する矢たちの集まり$\mathbb{B}(A, B)$（ただし$A, B \in \text{ob}(\mathbb{B})$）から$\mathbb{C}$に属する矢たちの集まり$\mathbb{C}(F(A), F(B))$への写像となっている．(i.e. Fは$F: \mathbb{B}(A, B) \to \mathbb{C}(F(A), F(B))$なる写像となっている．)

(3) $F(\text{id}_A) = \text{id}_{F(A)}$（ただし$A \in \text{ob}(\mathbb{B})$），および$F(g \circ f) = F(g) \circ F(f)$（ただし$f, g$は各々$\mathbb{B}$の矢であり，しかも$g \circ f$が$\mathbb{B}$で定義されているものとする．） □

注意 1) 関手$F: \mathbb{B} \to \mathbb{C}$は，$\mathbb{B}$の圏としての構造を保存した仕方での$\mathbb{C}$への写像となっており，いわば圏$\mathbb{B}$，$\mathbb{C}$間の準同型写像ともいえる対応関係である．

2) 上の(3)から，$\mathbb{B}$での可換な図は，関手Fによって下図のように$\mathbb{C}$での可換な図に対応づけられる．

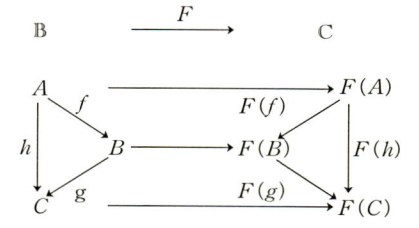

3) 関手$F: \mathbb{B} \to \mathbb{C}$，関手$G: \mathbb{C} \to \mathbb{D}$があるとき，矢の合成と同様に，$G \circ F: \mathbb{B} \to \mathbb{D}$が定義される．

4）上の定義での関手 F では，$\mathbb{B}$ での矢の向きは $\mathbb{C}$ においても保存されている．しかしこれに対して，$\mathbb{B}$ の $f:A\to B$ が関手 F によって $\mathbb{C}$ において $F(f):F(B)\to F(A)$ のように矢の向きが逆になることもある．この場合，上の定義の(3)とは異なり，$F(g\circ f)=F(f)\circ F(g)$ となる．なお，先の通常の関手は「共変関手」(covariant functor) と呼ばれることもあり，後の関手は「反変関手」(contravariant functor) と呼ばれる．以下ではもっぱら共変関手のみを考えていく．

例1　$\mathrm{Id}_{\mathbb{C}}$ が次の(1)，(2)をみたすとき，$\mathrm{Id}_{\mathbb{C}}$ は関手 $\mathrm{Id}_{\mathbb{C}}:\mathbb{C}\to\mathbb{C}$ となり，「同一関手」(identity functor) と呼ばれる．
(1)　$\mathbb{C}$ の任意の対象 A に A 自身を対応させる（i.e. $\mathrm{Id}_{\mathbb{C}}(A)=A$）．
(2)　$\mathbb{C}$ の任意の矢 f に f 自身を対応させる（i.e. $\mathrm{Id}_{\mathbb{C}}(f)=f$）．

例2　P が次の(1)，(2)をみたすとき，P は関手 $\mathrm{P}:\mathrm{Set}\to\mathrm{Set}$ となり，「巾集合関手」(power functor) と呼ばれる．
(1)　任意の集合 A（i.e. Set の対象）に A の巾集合 $\mathrm{P}(A)$（i.e. Set の対象）を対応させる．
(2)　任意の写像 $f:A\to B$（i.e. Set の矢）に対して，写像 $\mathrm{P}(f)$（i.e. Set の矢）を対応させる．ただしここで写像 $\mathrm{P}(f)$ は，$\mathrm{P}(f):\mathrm{P}(A)\to\mathrm{P}(B)$ であり，かつ $C\subseteq A$ なる各 C に対して f による像 $f(C)\subseteq B$ を対応させる写像である．

例3　F が次の(1)，(2)をみたすとき，F は関手 $F:\mathrm{Gr}\to\mathrm{Set}$ となり，「忘却関手」(forgetfull functor) と呼ばれる．
(1)　任意の群 G（i.e. Gr の対象）に，G の群としての構造を忘れて単に集合としてみた G（i.e. Set の対象）を対応させる．
(2)　任意の準同型写像 $f:G\to G'$（i.e. Gr の矢）に，単に集合としてみた G,G' 間の単なる写像としてみた $f:G\to G'$（i.e. Set の矢）を対応させる．

以上が関手の定義と簡単な例であるが，この関手を使うと，圏における対象間の同型のときと同様にして，圏の間の同型ということも次のように定義されてくる．

定義（圏の同型）

$\mathbb{B}$, $\mathbb{C}$ を各々圏とする．その上で下記の条件 [#] をみたす関手 $F: \mathbb{B} \to \mathbb{C}$ が存在するとき，$\mathbb{B}$ と $\mathbb{C}$ とは「同型」（isomorphic）であると呼ばれ，記号 $\mathbb{B} \cong \mathbb{C}$ で表わされる．

条件 [#]：関手 $F: \mathbb{B} \to \mathbb{C}$ に対して，関手 $G: \mathbb{C} \to \mathbb{B}$ が存在して，$G \circ F = \mathrm{Id}_\mathbb{B}$ かつ $F \circ G = \mathrm{Id}_\mathbb{C}$ である． □

注意 上の条件 [#] をみたすような関手 $F: \mathbb{B} \to \mathbb{C}$ は，「同型関手」（isomorphism）と呼ばれることがある．また条件 [#] の関手 G は F^{-1} と表わされることもある．

自 然 変 換

$\mathbb{B}$, $\mathbb{C}$ を各々圏とするとき，$\mathbb{B}$ から $\mathbb{C}$ への関手は，一般にはもとより一つとは限らず，数多くあり得る．するとさらにこうした関手間同士の対応関係ということも問題となってくる．すなわち $\mathbb{B}$ と $\mathbb{C}$ との間の関手 F, G について，次の定義でみられるように，両者の対応関係ともいえる F から G への自然変換ということが問題となってくる．

定義（自然変換）

$\mathbb{B}$, $\mathbb{C}$ を各々圏とし，F, G をおのおの $\mathbb{B} \underset{G}{\overset{F}{\rightrightarrows}} \mathbb{C}$ となる関手とする．その上で τ が下記の (1), (2) をみたすとき，τ は F から G への「自然変換」（natural transformation）と呼ばれ，記号 $\tau: F \to G$ で表わされる．

(1) $\mathbb{B}$ の任意の対象 $A(\in \mathrm{ob}(\mathbb{B}))$ について，$\mathbb{C}$ の矢 $\tau_A: F(A) \to G(A)$ が対応する．

(2) $\mathbb{B}$ の任意の矢 $f(\in \mathbb{B}(A,B)$, ただし $B \in \mathrm{ob}(\mathbb{B}))$ について，下図（の四角形部分）は可換である（i.e. $\tau_B \circ F(f) = G(f) \circ \tau_A$）．

$$\begin{array}{ccccc}
& & \mathbb{B} \xrightarrow[G]{F} \mathbb{C} & & \\
A & & F(A) \xrightarrow{\tau_A} G(A) & & \\
\downarrow f & & \downarrow F(f) \qquad \downarrow G(f) & & \\
B & & F(B) \xrightarrow{\tau_B} G(B) & &
\end{array}$$

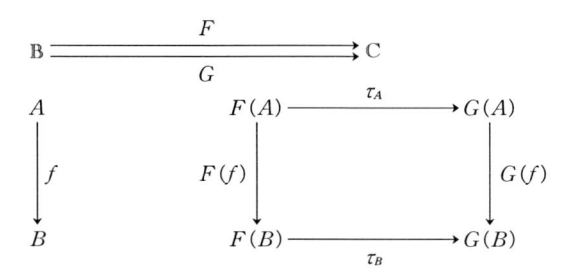

なお，$\mathbb{B}$ の A，B に対応する $\mathbb{C}$ の矢 τ_A，τ_B は，各々 τ の「A-成分」(A-component)，τ の「B-成分」(B-component) と呼ばれる． □

ところでこのように関手間に自然変換が定義されると，関手各々を対象と考え，関手間の自然変換を矢と考えることによって，新たに一つの圏を考えることが可能となってくる．

定義（関手の圏）
$\mathbb{B}$，$\mathbb{C}$ を各々圏とする．その上で $\mathbb{B} \to \mathbb{C}$ なる関手の各々を対象とし，またそれらの関手間の自然変換の各々を矢とする圏は，「関手の圏」(category of functors) と呼ばれ，記号 $\mathbb{C}^{\mathbb{B}}$ で表わされる． □

注意 関手の圏としては，たとえば $\text{Set}^{\mathbb{C}}$ などが考えられる．なおこの $\text{Set}^{\mathbb{C}}$ はトポスの一例となる．

さらにまた，先の自然変換の定義を前提とするとき，圏における対象間の同型，圏と圏との間の同型と類似した事柄が，関手間にも定義できてくる．

定義（自然同型）
$\mathbb{B}$，$\mathbb{C}$ を各々圏とし，F，G を各々 $\mathbb{B} \xrightarrow[G]{F} \mathbb{C}$ なる関手とし，さらに $\tau : F \to G$ を F から G への自然変換とする．その上で，$\mathbb{B}$ の任意の対象 $A (\in \text{ob}(\mathbb{B}))$ について，$\tau_A : F(A) \to G(A)$ が $\mathbb{C}$ における矢として iso であるとき，τ は「自然同型」(natural isomorphism) と呼ばれ，記号 $\tau : F \cong G$ で表

わされる． □

注意 この自然同型を使うと，圏 $\mathbb{B}$, $\mathbb{C}$ 間の同値の概念が定義できる．すなわち $\mathbb{B}$, $\mathbb{C}$ を圏とし，F, G を $\mathbb{B} \underset{G}{\overset{F}{\rightleftarrows}} \mathbb{C}$ なる関手として，$G \circ F \cong \mathrm{Id}_{\mathbb{B}}$ かつ $F \circ G \cong \mathrm{Id}_{\mathbb{C}}$ であるとき，$\mathbb{B}$ と $\mathbb{C}$ とは「同値」(equivalence) と呼ばれる．なおこの関係は，$G \circ F = \mathrm{Id}_{\mathbb{B}}$ かつ $F \circ G = \mathrm{Id}_{\mathbb{C}}$ のとき成立する $\mathbb{B}$ と $\mathbb{C}$ との同型とは異なる関係である．ただし同型であれば同値といえる．しかしその逆は一般には成立しない．

随伴関係（その1）

関手については，さらに種々の事柄が問題となり得る．しかし以下では，その中からもっぱら，二つの関手間の随伴関係と呼ばれる事柄に注目する．というのも関手間の随伴関係は，トポスについて成立する際立った性質であるトポスの基本定理を取り上げる以上，是非とも触れておかなければならない不可欠の事柄であるからである．

はじめに近付き易い多少略式な仕方での定義を与えよう．上に記した関手間の自然同型を使った正式な定義の方は，後ほど触れることにする．

定義（随伴関係）

$\mathbb{B}$, $\mathbb{C}$ を各々圏とし，F, G を各々 $\mathbb{B} \underset{G}{\overset{F}{\rightleftarrows}} \mathbb{C}$ なる関手とする．その上で $\mathbb{B}$ の任意の対象 A と $\mathbb{C}$ の任意の対象 B について，

$$\mathbb{C}(F(A), B) \cong \mathbb{B}(A, G(B)) \qquad (\#)$$

であるとき，F と G との間には「随伴関係」(adjunction) が成立している，と呼ばれ，記号 $F \dashv G$ で表わされる．

また上の関係はもう少し詳しく，F は G の「左-随伴」(left-adjoint) である，あるいは G は F の「右-随伴」(right-adjoint) である，とも呼ばれる．

ただしここで $\mathbb{C}(F(A), B)$ は，$F(A) \to B$ なる $\mathbb{C}$ の矢の集まりを表わし，

$\mathbb{B}(A, G(B))$ は，$A \to G(B)$ なる $\mathbb{B}$ の矢の集まりを表わしている．さらにまたここでの $\cong$ は，その両辺の集まりの間に全単射の対応が成立することを表わしている． □

なお上の (#) の関係は，$f \in \mathbb{C}(F(A), B)$，$g \in \mathbb{B}(A, G(B))$ として，可換な下図のように表わされることもある．

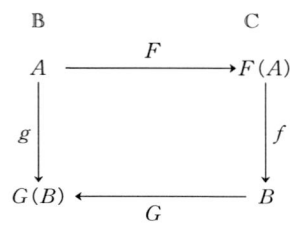

$$\begin{array}{ccc} & \mathbb{B} & \mathbb{C} \\ A & \xrightarrow{F} & F(A) \\ {\scriptstyle g}\Big\downarrow & & \Big\downarrow{\scriptstyle f} \\ G(B) & \xleftarrow{G} & B \end{array}$$

注意 上の図から分かるように，イメージ的には，F と G とが図のような形で互いに巴をなしているともいえる．

上の定義では，随伴関係はあくまでも関手間の関係として定義されているが，(#) なる随伴関係は，必ずしも関手間の関係とはいえない種々の場面で，しばしば見出せる関係でもある．そこでこの点も考慮して，$F(A) \to B$ で広く「$F(A) \to B$ なる矢 (i.e. 関係) が成立している」ことを表明し，また $A \to G(B)$ で広く「$A \to G(B)$ なる矢 (i.e. 関係) が成立している」ことを表明しているとすると，定義中の (#) は，

$$F(A) \to B \iff A \to G(B) \qquad (\#\#)$$

と表わすこともできる．実際，(##) のような表わし方は，種々の場面での随伴関係を問題にするときや，随伴関係に関する諸事項の論証などを簡易的に行うときに便利である．

さて以上が随伴関係の定義であるが，つづいて随伴関係の具体例を二つほ

ど示しておく．

例1 随伴関係の例は，すでに触れた積と巾との間に成立する§2.3の定理1の次の関係に見出せる．すなわち，
$$\mathbb{C}(C \times A, B) \cong \mathbb{C}(C, B^A).$$

実際 $C \times A$ (i.e. $(C) \times A$) を $F(C)$ と考え，B^A (i.e. $(B)^A$) を $G(B)$ と考えるとき，上の関係は
$$\mathbb{C}(F(C), B) \cong \mathbb{C}(C, G(B))$$
であり，まさに F (i.e. $(\ ) \times A$) と G (i.e. $(\ )^A$) との間に随伴関係が成立している (i.e. $(\ ) \times A \dashv (\ )^A$).

例2 論理における連言 $\wedge$ と条件法 $\supset$ との間には，よく知られているように，
$$C \wedge A \to B \iff C \to A \supset B$$
が成立している．ここでも $C \wedge A$ (i.e. $A \wedge (C)$) を $F(C)$ と考え，$A \supset B$ (i.e. $A \supset (B)$) を $G(B)$ と考えるとき，上式は
$$F(C) \to B \iff C \to G(B)$$
であり，明らかに F (i.e. $A \wedge (\ )$) と G (i.e. $A \supset (\ )$) との間に随伴関係（広い意味での）が成立している (i.e. $A \wedge (\ ) \dashv A \supset (\ )$).

ユニットとコユニット

次に，随伴関係 $F \dashv G$ の定義から直ちに得られる基本的な事柄を，二つほどみておこう．なおその際の証明は，いずれも簡易的な仕方で与えておく．はじめにユニットとコユニットなる矢の存在をみておく．

定理1 $\mathbb{B}$, $\mathbb{C}$ を各々圏とし，F, G を各々 $\mathbb{B} \xrightleftharpoons[G]{F} \mathbb{C}$ なる関手とする．その上で，$F \dashv G$ であるとき，次の (1), (2) が成立する．また逆に (1), (2) が成立するとき，$F \dashv G$ である．
 (1) $\mathbb{B}$ の任意の対象 A について，$\eta_A : A \to GF(A)$ なる矢が存在する．
 (2) $\mathbb{C}$ の任意の対象 B について，$\varepsilon_B : FG(B) \to B$ なる矢が存在する．
なお，η_A は A における「ユニット」(unit) と呼ばれ，ε_B は B における

「コユニット」(counit) と呼ばれる．

証明 (1)について．$F \dashv G$ であるとする．すなわち，$\mathbb{B}$ の任意の対象 A と $\mathbb{C}$ の任意の対象 B について，$F(A) \to B \iff A \to G(B)$ が成立しているとする．そこでこの関係での B を $F(A)$ とする．すると，$F(A) \to F(A) \iff A \to GF(A)$ であり，$\iff$ の左がつねに成立することから，$A \to GF(A)$ がつねに成立する．よって η_A なる矢が存在する．

(2)について．先の関係の A を $G(B)$ とすることによって，(1)と同様に示せる．

逆について．(1)と(2)から，$F(A) \to B \iff A \to G(B)$ の成立を示せばよい．まず $\Rightarrow$ を示すために，$\Rightarrow$ の左 $F(A) \to B$ を仮定する．すると，G は通常の関手ゆえ，$GF(A) \to G(B)$ が成立し，(1)の $A \to GF(A)$ と結びつけると，直ちに $\Rightarrow$ の右 $A \to G(B)$ が得られる．つづいて $\Leftarrow$ を示すために，$\Leftarrow$ の右 $A \to G(B)$ を仮定する．すると，F は通常の関手ゆえ，$F(A) \to FG(B)$ が成立し，(2)の $FG(B) \to B$ と結びつけると，直ちに $\Leftarrow$ の左 $F(A) \to B$ が得られる． □

注意 1) この定理は，$F \dashv G$ の成立と(1)かつ(2)の成立とが，同じ事柄であることを明らかにしている．

2) $\mathbb{B}$ の対象と矢を $\mathbb{B}$ の全く同じ対象と矢に対応づける関手 $\mathrm{Id}_\mathbb{B} : \mathbb{B} \to \mathbb{B}$ を考えるとき，(1)の η_A は，$\mathrm{Id}_\mathbb{B} \to GF$ なる自然変換の対象 A での状況を表わしている，ともいえる．すなわち(1)の η_A は，$\eta : \mathrm{Id}_\mathbb{B} \to GF$ なる自然変換の A-成分 η_A でもある．(2)についても，同様のことがいえる．

ここで念のために，η_A, ε_B の図を添えておく．

§3.2 関　　手

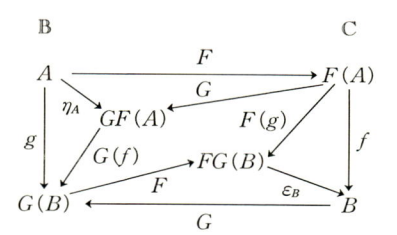

$$
\begin{array}{c}
\mathbb{B} \qquad\qquad\qquad \mathbb{C} \\
A \xrightarrow{\ F\ } F(A) \\
\eta_A \downarrow \xleftarrow{\ G\ } \\
GF(A) \quad F(g) \\
g \downarrow \searrow G(f) \\
\quad FG(B) \quad f \downarrow \\
G(B) \xleftarrow{\ F\ } \varepsilon_B \\
\xleftarrow{\ G\ } B
\end{array}
$$

もう一つの事柄は，上にも登場した GF と FG についてである．

定理2　$\mathbb{B}$, $\mathbb{C}$を各々圏とし，F, Gを各々 $\mathbb{B} \underset{G}{\overset{F}{\rightleftarrows}} \mathbb{C}$ なる関手とする．また $F \dashv G$ であるとする．このとき，次の (1), (2) が成立する．
(1)　1) $GFGF(A) \longrightarrow GF(A)$．
　　　2) $GFGF(A) \rightleftarrows GF(A)$．
　　　ただし，Aは$\mathbb{B}$の任意の対象とする．
(2)　1) $FG(B) \longrightarrow FGFG(B)$．
　　　2) $FG(B) \rightleftarrows FGFG(B)$．
　　　ただし，Bは$\mathbb{C}$の任意の対象とする．

証明　(1) の 1) について．まず $F \dashv G$ とする．すなわち$\mathbb{B}$の任意の対象Aと$\mathbb{C}$の任意の対象Bについて，$F(A) \to B \iff A \to G(B)$ が成立しているとする．ここでこの関係における B を $F(A)$ とし，A を $GF(A)$ とする．すると $FGF(A) \to F(A) \iff GF(A) \to GF(A)$ となる．よって，$FGF(A) \to F(A)$ が成立する．するとさらに，Gは通常の関手ゆえ，$GFGF(A) \to GF(A)$ が成立する．

(1) の 2) について．上の 1) の逆を示せばよい．そのために，定理1の(1) $A \to GF(A)$ に注目し，この中の A を $GF(A)$ とする．すると直ちに $GF(A) \to GFGF(A)$ が得られる．

(2) について．(1) と同様に考える．略． □

注意　$P(S)$ を集合Sの部分集合を対象とし，$\subseteq$ を矢 $\to$ とした圏とする．ま

た F, G を各々 $\mathrm{P}(S) \underset{G}{\overset{F}{\rightleftarrows}} \mathrm{P}(S)$ で $F \dashv G$ なる関手とする．このとき，GF や FG の意味内容を多少理解することができてくる．すなわち定理 1 の (1) は $A \subseteq GF(A)$ となり，この定理 2 の (1) の 2) は $GF(A) = GFGF(A)$ となり，またいまの場合，$GF(A \cup B) = GF(A) \cup GF(A)$ および $GF(S) = S$ も示せることから，いまの場合 GF はいわゆる集合の「閉包」(closure) に相当するものと理解できてくる．同様にいまの場合 FG は集合の「開核」(open kernel) に相当するものと理解される．

随伴関係（その 2）[†]

先に，関手間に自然変換が定義される場合があること，およびその自然変換の一種に自然同型と呼ばれるものがあることなどに言及した．いまこの § の最後に，この自然同型を使った仕方で，随伴関係の正式な定義を与えておく．

定義（随伴関係）
$\mathbb{B}$, $\mathbb{C}$ を各々圏とし，F, G を各々 $\mathbb{B} \underset{G}{\overset{F}{\rightleftarrows}} \mathbb{C}$ なる関手とする．その上で，

$$\tau_{AB} : \mathbb{C}(F(A), B) \cong \mathbb{B}(A, G(B))$$

なる自然同型が存在するとき，F と G との間には「随伴関係」(adjunction) が成立している，と呼ばれ，記号 $F \dashv G$ で表わされる．
　また上の関係はもう少し詳しく，F は G の「左-随伴」(left-adjoint) である，あるいは G は F の「右-随伴」(right-adjoint) である，とも呼ばれる． □

　上の定義については，若干説明が必要であろう．以下 (1)〜(7) に分けて順に説明していく．
　(1) 上の定義に現われている $\mathbb{C}(F(A), B)$, $\mathbb{B}(A, G(B))$ 各々は，$\langle A, B \rangle$ に関手 $\mathbb{C}(F(\ ), \ )$，$\langle A, B \rangle$ に関手 $\mathbb{B}(\ , G(\ ))$ が適用されたものである．この点は，自然同型 τ が関手間で定義されることから，明らかで

§3.2 関　　手

あろう．

(2) ではこの$\mathbb{C}(F(\ ),\ )$, $\mathbb{B}(\ ,G(\ ))$はどのような関手であろうか．$\mathbb{C}(F(\ ),\ )$, $\mathbb{B}(\ ,G(\ ))$の両者とも，ある圏$\mathbb{D}$から圏Setへの関手(i.e. $\mathbb{D}\to$ Set)である，とまず考えられる．なぜならこの点は，$\mathbb{C}(F(A),B)$が$F(A)$からBへの矢の集まりであり，$\mathbb{B}(A,G(B))$もAから$G(B)$への矢の集まりであり，各々集合（i.e. Setの対象）であることから明らかである．

(3) 次にその$\mathbb{D}$であるが，$\mathbb{D}$が$\langle A,B\rangle$なる対を対象としていることから，またA,B各々が圏$\mathbb{B}$, $\mathbb{C}$の対象であることから，$\mathbb{D}$は$\mathbb{B}$, $\mathbb{C}$各々を対象とする圏の圏における積$\mathbb{B}\times\mathbb{C}$と考えられてくる．すなわち$\mathbb{C}(F(\ ),\ )$, $\mathbb{B}(\ ,G(\ ))$とも，$\mathbb{B}\times\mathbb{C}\to$ Setなる関手といえる．

(4) 一方$\mathbb{C}(F(\ ),\ )$, $\mathbb{B}(\ ,G(\ ))$が関手であることから，$\mathbb{B}\times\mathbb{C}$での矢の対$\langle f,g\rangle$にも各々が適用され，しかもその適用結果を各々仮に☆1, ☆2とすると，両関手間の自然変換が問題となっている以上，両者とも下図の右の四辺形を可換とするようなものと考えられてくる．

$$\mathbb{B}\times\mathbb{C} \xrightarrow[\mathbb{B}(\ ,G(\ ))]{\mathbb{C}(F(\ ),\ )} \text{Set}$$

$$\begin{array}{ccc}
\langle A,B\rangle & \mathbb{C}(F(A),B) \xrightarrow{\tau_{AB}} & \mathbb{B}(A,G(B)) \\
f\downarrow\ \downarrow g & \text{☆}1\ \ \ \ \ \ \ \ \ \ \ & \text{☆}2 \\
\langle A',B'\rangle & \mathbb{C}(F(A'),B') \xrightarrow[\tau_{A'B'}]{} & \mathbb{B}(A',G(B'))
\end{array}$$

(5) しかし$\mathbb{D}$を$\mathbb{B}\times\mathbb{C}$としている限り，このような条件をみたす☆1, ☆2は存在しない．すなわち$\langle f,g\rangle$に対応する☆1, ☆2をうまく定義できない．

(6) そこで$\mathbb{D}$を$\mathbb{B}\times\mathbb{C}$ではなく，改めて$\mathbb{B}^{op}\times\mathbb{C}$とする必要がでてくる．その上で$\mathbb{C}(F(\ ),\ )$, $\mathbb{B}(\ ,G(\ ))$各々とも，$\mathbb{B}^{op}\times\mathbb{C}\to$ Setなる関手と考える必要がでてくる．実際このとき，下図のような状況となり，その右の四辺形を可換とするような新しい$\langle f,g\rangle$に対応する*1, *2がうまく定義できてくる．

$$\mathbb{B}^{op} \times \mathbb{C} \underset{\mathbb{B}(\ ,G(\ ))}{\overset{\mathbb{C}(F(\ ),\ )}{\rightrightarrows}} \text{Set}$$

$$\begin{array}{ccccc}
\langle A, B \rangle & & \mathbb{C}(F(A),B) & \xrightarrow{\tau_{AB}} & \mathbb{B}(A,G(B)) \\
f \downarrow\ \downarrow g & & \downarrow *1 & & \downarrow *2 \\
\langle A', B' \rangle & & \mathbb{C}(F(A'),B') & \xrightarrow[\tau_{A'B'}]{} & \mathbb{B}(A',G(B'))
\end{array}$$

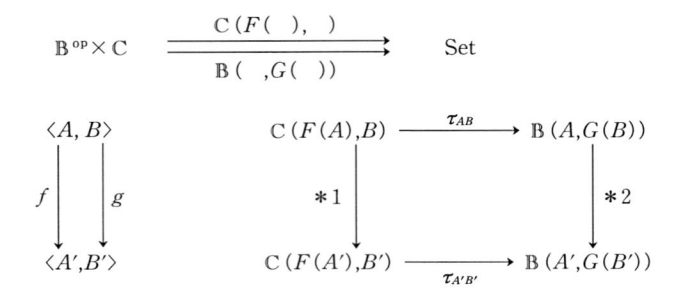

(7) では新しい $\langle f, g \rangle$ に $\mathbb{C}(F(\ ),\ )$, $\mathbb{B}(\ ,G(\ ))$ を適用した結果である $*1$, $*2$ は，各々具体的にはどのようなものと定義されるか．その解答は以下のようになる．

1) $*1$ について．$\mathbb{B}^{op} \times \mathbb{C}$ の f (i.e. $f : A' \to A$)，g に対しての $\mathbb{C}(F(f), g)$ なる $*1$ は，下図のように，$h \in \mathbb{C}(F(A), B)$ なる h について，$g \circ h \circ F(f)$ を対応させる Set の矢として考えられる．

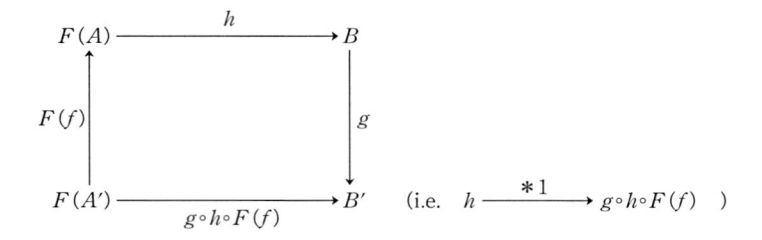

$$\begin{array}{ccc}
F(A) & \xrightarrow{h} & B \\
F(f) \uparrow & & \downarrow g \\
F(A') & \xrightarrow[g \circ h \circ F(f)]{} & B'
\end{array} \quad (\text{i.e.} \quad h \xrightarrow{*1} g \circ h \circ F(f)\ )$$

2) $*2$ について．$\mathbb{B}^{op} \times \mathbb{C}$ の f (i.e. $f : A' \to A$)，g に対しての $\mathbb{B}(f, G(g))$ なる $*2$ は，下図のように，$k \in \mathbb{B}(A, G(B))$ なる k について，$G(g) \circ k \circ f$ を対応させる Set の矢として考えられる．

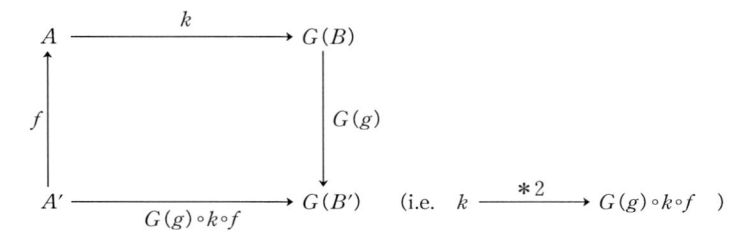

$$\begin{array}{ccc}
A & \xrightarrow{k} & G(B) \\
f \uparrow & & \downarrow G(g) \\
A' & \xrightarrow[G(g) \circ k \circ f]{} & G(B')
\end{array} \quad (\text{i.e.} \quad k \xrightarrow{*2} G(g) \circ k \circ f\ )$$

§3.3 トポスの基本定理（その1）

スライス

この §3.3 と次の §3.4 で，いよいよトポスの基本定理とその証明を取り上げる．第3章のはじめのイントロでも述べたように，表現力豊かな関数型高階論理 λ-h.o.l. をトポスに対応させてみたのも，トポスにはこの基本定理が示唆する論理としての普遍性が見出せるからである．しかしこの基本定理を提示するに当っては，少なくともいま一つ，準備として触れておかなければならない事柄がある．それは，一つの圏が与えられたとき，それをもとにそれとは別のスライスと呼ばれる新しい圏が生成される，という事柄である．

定義（スライス）

$\mathbb{C}$ を圏とし，B を $\mathbb{C}$ の任意の対象とする．また A, C も $\mathbb{C}$ の任意の対象とし，$f: A \to B$, $g: C \to B$ を各々 $\mathbb{C}$ の矢とする．その上で，この $f: A \to B$ なる矢と $g: C \to B$ なる矢を各々新たな対象と考え，さらに下図を可換 (i.e. $f = g \circ h$) とするような $h: A \to C$ なる $\mathbb{C}$ の矢を，新しい対象とした f から g への新しい矢と考える．するとこのとき，$\mathbb{C}$ から新しい対象たちと新しい矢たちからなる新しい圏が生成される．そしてこのように $\mathbb{C}$ から生成された新しい圏は，$\mathbb{C}$ の B による「スライス」(slice) と呼ばれ，記号 $\mathbb{C} \downarrow B$ で表わされる．

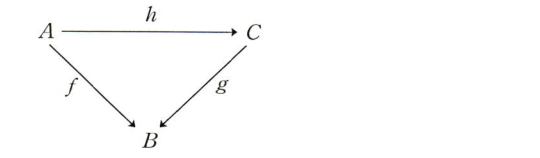

$$\begin{array}{ccc} A & \xrightarrow{h} & C \\ & \searrow^{f} \swarrow_{g} & \\ & B & \end{array}$$

□

注意 1) $\mathbb{C}$ の B によるスライスは，また $\mathbb{C}$ の B による「カンマ圏」(comma category) とも呼ばれることがある．

2) §3.1 の I 上バンドルの圏 $\mathrm{Bn}(I)$ は，その定義から，明らかに Set の I によるスライス（i.e. Set$\downarrow I$）となっている．

基本定理とその証明の方針

以上で基本定理についての準備は一応完了した．そこでさっそく「トポスの基本定理」(Fundamental Theorem of Topos) と呼ばれる定理を次に提示しよう．

定理（トポスの基本定理）
圏 E がトポスであり，B が E の任意の対象であるとき，その E の B によるスライス（i.e. $\mathrm{E}\downarrow B$）もトポスである．
また A, B を各々 E の任意の対象とし，$f: A \to B$ であるとき，$\mathrm{E}\downarrow A$ と $\mathrm{E}\downarrow B$ との間には，$f^*: \mathrm{E}\downarrow B \to \mathrm{E}\downarrow A$，$\Sigma_f: \mathrm{E}\downarrow A \to \mathrm{E}\downarrow B$ および $\Pi_f: \mathrm{E}\downarrow A \to \mathrm{E}\downarrow B$ なる関手 f^*，Σ_f，Π_f が存在し，

$$\Sigma_f \dashv f^* \dashv \Pi_f$$

が成立する．

この定理の意味あるいは意義はどのようなものであろうか．これを了解することが，本書の目的の一つであるが，それは後述（〈結び〉で）することにして，まずはこの定理の証明を与えていくことにする．実際その作業によって，定理自体が身近にもなり，またその意味や意義も自ずと明らかになるといえる．

そこでまず，$\mathrm{E}\downarrow B$ がトポスである，という定理前半部分の証明であるが，これはトポスの定義にしたがって，$\mathrm{E}\downarrow B$ に終対象，積，巾および subobject classifier が存在することを一つ一つ確認すればよい，という方針が立つ．さらに以下での具体的な手順をいえば，上の四つのうち巾を除いた三つ

の存在は容易に示せるので，これらをまとめてこの§の定理1としてまずその証明を与える．

しかし残る巾の存在の証明は，必ずしも容易とはいえない．しかも巾の存在は，定理後半部分の事柄を使って証明される．そこで定理1につづく手順としては，定理の後半部分である関手 f^*, Σ_f, Π_f の存在とそれらの間の $\Sigma_f \dashv f^* \dashv \Pi_f$ の証明を先に実行することになる．すなわちこの§の定理2で f^* の存在を，定理3で Σ_f の存在を証明し，この§の定理4で $\Sigma_f \dashv f^*$ を証明していく．また Π_f の存在と $f^* \dashv \Pi_f$ については，§を改めて§3.4 の定理1として証明する．そして最後に，残されていた巾の存在について，関手 f^*, Σ_f, Π_f 各々の定理を踏まえて，§3.4の定理2でその証明を与えることにする．

終対象，積，subobject classifier の存在

上に述べた手順にしたがって，基本定理の証明の作業を始めよう．

定理1 $\mathbb{E}$ をトポスとし，B を $\mathbb{E}$ の任意の対象とする．このとき，$\mathbb{E} \downarrow B$ には終対象，積，subobject classifier が存在する．

証明 (1) 終対象について．$\mathbb{E} \downarrow B$ の任意の対象 $f : A \to B$ について，下図が成立する．

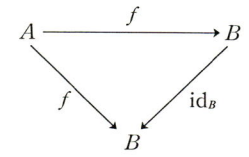

$$\begin{array}{ccc} A & \xrightarrow{f} & B \\ & \searrow_{f} \quad \swarrow_{\mathrm{id}_B} & \\ & B & \end{array}$$

よって，$\mathrm{id}_B : B \to B$ が $\mathbb{E} \downarrow B$ の終対象1と考えられる．

(2) 積について．$\mathbb{E}$ がトポスであることから，$\mathbb{E}$ には任意の $f : A \to B$, $g : C \to B$ について，下図のような p.b. が存在する．しかし一方でこの $\mathbb{E}$ の p.b. の図は，$D \to B$ なる矢も考えられることから，同時に，$\mathbb{E} \downarrow B$ での

対象 $f: A \to B$, $g: C \to B$ についての $\mathrm{E} \downarrow B$ での積の図にもなっている。すなわち $\mathrm{E} \downarrow B$ には積が存在する。

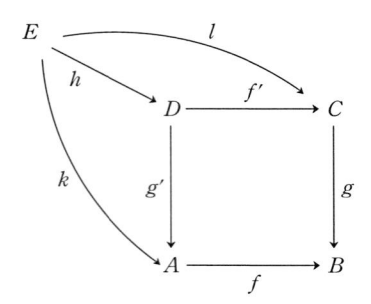

(3) subobject classifier について．E がトポスであることから，E には subobject classifier Ω が存在し，また積も存在している．したがって E には $\pi_2: \Omega \times B \to B$ なる矢が存在する．すると下図により，この矢 $\pi_2: \Omega \times B \to B$ が $\mathrm{E} \downarrow B$ の subobject classifier と考えられる．

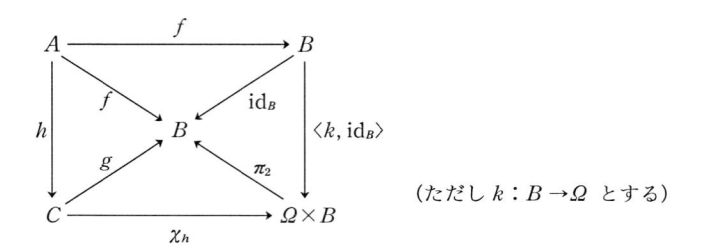

（ただし $k: B \to \Omega$ とする）

なお，$\mathrm{E} \downarrow B$ での矢 $\langle k, \mathrm{id}_B \rangle$ が，E での矢 $\top$ に相当している．　□

注意 $\mathrm{Bn}(I)$ は，すでに注意したように $\mathrm{Set} \downarrow I$ であり，しかも Set がトポスであることから，§3.1 での $\mathrm{Bn}(I)$ における終対象，subobject classifier の存在を確認する作業は，上の証明の (1), (3) の特殊な場合となっている．

関手 f^*, Σ_f の存在

つづいて関手 f^* の存在（定理 2）と関手 Σ_f の存在（定理 3）を証明する．

§3.3 トポスの基本定理（その1）

定理2　E をトポスとし，A, B を各々 E の任意の対象とし，$f: A \to B$ を E の矢とする．このとき，この f に対応して下図のような関手 $f^*: \text{E} \downarrow B \to \text{E} \downarrow A$ が存在する．

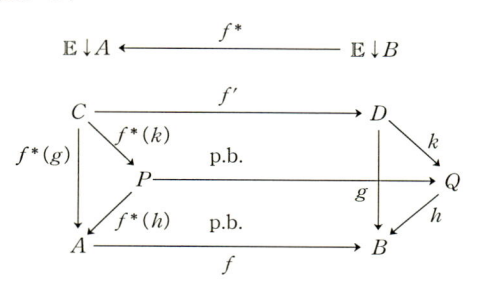

$$\text{E} \downarrow A \xleftarrow{f^*} \text{E} \downarrow B$$

（図：$C \xrightarrow{f'} D$，$f^*(g)$，$f^*(k)$，k，$P \xrightarrow{} Q$，p.b.，g，$f^*(h)$，h，$A \xrightarrow{f} B$，p.b.）

ただし，図中の C, D, P, Q は，各々 E の対象とし，$g, h, k, f^*(g), f^*(h), f^*(k)$ は各々 E の矢とする．また図中の四辺形 $ABDC$ も $ABQP$ も各々 E の p.b. であるとする．

証明　(1) 図中の四辺形 $ABDC$ が E の p.b. であること，および図中の四辺形が $ABQP$ が p.b. であることにより，E の矢 g, h に対して，各々 E の矢 $f^*(g), f^*(h)$ が存在する．しかし一方でこの矢 g, h は各々 $\text{E} \downarrow B$ の対象でもあり，また矢 $f^*(g), f^*(h)$ は各々 $\text{E} \downarrow A$ の対象でもある．よって f^* は，$\text{E} \downarrow B$ の対象 g, h から各々 $\text{E} \downarrow A$ の対象 $f^*(g), f^*(h)$ に対応を与えていることが分かる．

(2) 再び四辺形 $ABQP$ が E の p.b. であることに注目する．すると p.b. の定義により，E の矢 $f^*(k): C \to P$ は E の矢 $k: D \to Q$ に対して一意的に決まってくる．しかも E の k が $\text{E} \downarrow B$ での対象 g から対象 h への $\text{E} \downarrow B$ での矢であること，および E の矢 $f^*(k)$ が $\text{E} \downarrow A$ での対象 $f^*(g)$ から対象 $f^*(h)$ への $\text{E} \downarrow A$ での矢でもあることから，結局 f^* は $\text{E} \downarrow B$ の矢 k から $\text{E} \downarrow A$ の矢 $f^*(k)$ への対応を与えていることが分かる．

(3) 以上の (1), (2) により，f^* が $\text{E} \downarrow B$ から $\text{E} \downarrow A$ への関手として存在していることは，明らかである．　□

定理3　E をトポスとし，A, B を各々 E の任意の対象とし，$f: A \to B$

を E の矢とする．このとき，この f に対応して下図のような関手 $\varSigma_f: \mathrm{E}\!\downarrow\!A \to \mathrm{E}\!\downarrow\!B$ が存在する．

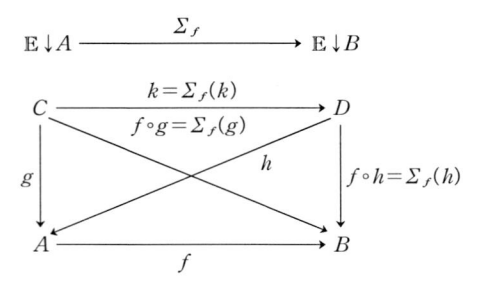

$$
\begin{array}{ccc}
\mathrm{E}\!\downarrow\!A & \xrightarrow{\;\varSigma_f\;} & \mathrm{E}\!\downarrow\!B \\
\end{array}
$$

$$
\begin{array}{ccc}
C & \xrightarrow{\;k=\varSigma_f(k)\;} & D \\
& f\circ g=\varSigma_f(g) & \\
g \Big\downarrow & \;h\; & \Big\downarrow f\circ h=\varSigma_f(h) \\
A & \xrightarrow[\;f\;]{} & B
\end{array}
$$

ただし，図中の C, D は E の対象とし，g, h, k, $\varSigma_f(g)$, $\varSigma_f(h)$ は E の矢とする．

証明 (1) E の矢 g と与えられた E の矢 f との E での合成した矢 $f\circ g: C \to B$ を考える．すると，E の矢 $g: C \to A$ が $\mathrm{E}\!\downarrow\!A$ の対象であること，および E の合成矢 $f\circ g: C \to B$ が $\mathrm{E}\!\downarrow\!B$ の対象であることから，f との合成矢を考えることが，$\mathrm{E}\!\downarrow\!A$ の対象 g から $\mathrm{E}\!\downarrow\!B$ の対象 $f\circ g$ への対応を与えることであることが分かる．

(2) ところで E の矢 $k: C \to D$ は，$\mathrm{E}\!\downarrow\!A$ の対象 $g: C \to A$ から対象 $h: D \to A$ への $\mathrm{E}\!\downarrow\!A$ の矢でもある．いまこの $\mathrm{E}\!\downarrow\!A$ の矢 k に対して，矢 g, h 各々の f との合成を考えると，結局はこの k が $\mathrm{E}\!\downarrow\!B$ の対象 $f\circ g$ から対象 $f\circ h$ への $\mathrm{E}\!\downarrow\!B$ での矢ともなっている．すなわち f との合成を考えることが，$\mathrm{E}\!\downarrow\!A$ での矢 k から $\mathrm{E}\!\downarrow\!B$ での矢 k への対応を与えることであることが分かる．

(3) 以上の (1), (2) により，$f\circ g$ を改めて $\varSigma_f(g)$ で表わすと，$\varSigma_f$ が $\mathrm{E}\!\downarrow\!A$ から $\mathrm{E}\!\downarrow\!B$ への関手として存在していることは，明らかである． □

定理 2，定理 3 で各々その存在が確認された関手 f^*, $\varSigma_f$ に対しては，通常次のような名称が与えられる．

定義（p.b. 関手）

§3.3 トポスの基本定理（その1）

定理2によってその存在が示された関手 $f^* : \mathbb{E}{\downarrow}B \to \mathbb{E}{\downarrow}A$ は，矢 $f : A \to B$ による「プルバック関手」(pulling back functor) と呼ばれる．なお，以下では p.b. 関手と略記する． □

定義（合成関手）

定理3によってその存在が示された関手 $\Sigma_f : \mathbb{E}{\downarrow}A \to \mathbb{E}{\downarrow}B$ は，矢 $f : A \to B$ による「合成関手」(composing functor) と呼ばれる． □

$\Sigma_f \dashv f^*$

定理2，定理3によって，$\mathbb{E}$ の矢 $f : A \to B$ が与えられるとき，$\mathbb{E}{\downarrow}A$ と $\mathbb{E}{\downarrow}B$ との間に二つの関手 f^*, Σ_f が存在することが明らかとなったが，さらにその両者の間には $\Sigma_f \dashv f^*$ なる随伴関係が成立することを示すことができる．

定理4 $\mathbb{E}$ をトポスとし，A, B 各々を $\mathbb{E}$ の任意の対象とし，$f : A \to B$ を $\mathbb{E}$ の矢とする．またこの f によって決まる f^*, Σ_f を各々 $f^* : \mathbb{E}{\downarrow}B \to \mathbb{E}{\downarrow}A$ なる p.b. 関手，$\Sigma_f : \mathbb{E}{\downarrow}A \to \mathbb{E}{\downarrow}B$ なる合成関手とする．このとき，$\Sigma_f \dashv f^*$ が成立する．

(i.e. Σ_f は f^* の左-随伴である，または f^* は Σ_f の右-随伴である．)

証明 C, D を各々 $\mathbb{E}$ の任意の対象とし，$g : C \to A$, $h : D \to B$, $k : C \to D$ を各々下図のような $\mathbb{E}$ の矢とする．

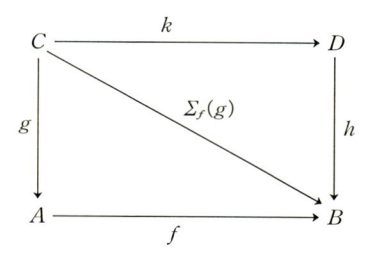

$$\begin{array}{ccc} C & \xrightarrow{k} & D \\ {\scriptstyle g}\downarrow & {\searrow}^{\Sigma_f(g)} & \downarrow{\scriptstyle h} \\ A & \xrightarrow{f} & B \end{array}$$

すると$\mathrm{E}{\downarrow}B$での対象$\Sigma_f(g)$から$\mathrm{E}{\downarrow}B$の対象$h: D \to B$への$\mathrm{E}{\downarrow}B$の矢kに対して，下図のように$\mathrm{E}{\downarrow}B$の対象hのp.b. 関手f^*による$\mathrm{E}{\downarrow}A$の対象$f^*(h)$を考えるとき，図中の四辺形$ABDP$がp.b.であることから，Eの矢$k': C \to P$が一意的に対応してくる．

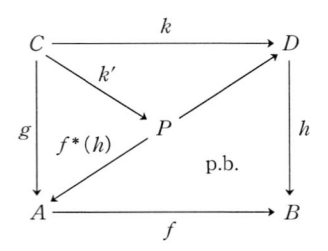

$$\begin{array}{ccc} C & \xrightarrow{k} & D \\ & k' \searrow & \\ g \downarrow & f^*(h) \searrow P & \downarrow h \\ & & \text{p.b.} \\ A & \xrightarrow{f} & B \end{array}$$

しかしこのEの矢k'は，$\mathrm{E}{\downarrow}A$の対象gから$\mathrm{E}{\downarrow}A$の対象$f^*(h)$への$\mathrm{E}{\downarrow}A$の矢k'でもあることから，結局$\mathrm{E}{\downarrow}B$の矢kに一意的に$\mathrm{E}{\downarrow}A$の矢k'が対応していることが分かる．すなわち$k: \Sigma_f(g) \to h$と$k': g \to f^*(h)$とが一意的に対応しており，このことは下図が成立していることでもある．よって，随伴関係の定義により，$\Sigma_f \dashv f^*$が成立する．

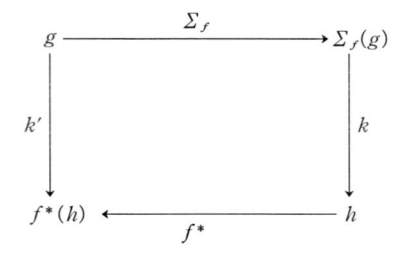

$$\begin{array}{ccc} g & \xrightarrow{\Sigma_f} & \Sigma_f(g) \\ k' \downarrow & & \downarrow k \\ f^*(h) & \xleftarrow{f^*} & h \end{array}$$

$\square$

基本定理（その1）としての§3.3は，ここまでとしておこう．基本定理の証明の残りの部分については，先に証明の手順で述べたように，基本定理（その2）としての§3.4で示していくことにする．

§3.4 トポスの基本定理（その２）

関手 Π_f の存在と $f^* \dashv \Pi_f$

前§にひきつづき，トポスの基本定理の証明を，すでに述べた手順にしたがって実行していこう．この §3.4 のはじめは，p.b. 関手 f^* の右-随伴（i.e. $f^* \dashv \Pi_f$）となる関手 Π_f の存在についてである．

定理1 E をトポスとし，A, B を各々 E の任意の対象とし，$f: A \to B$ を E の矢とする．このとき，$f: A \to B$ に対応して，$f^* \dashv \Pi_f$ をみたす $\Pi_f: \mathrm{E} \downarrow A \to \mathrm{E} \downarrow B$ なる関手 Π_f が存在する．

証明 〈Ⅰ〉Π_f の存在について．(1) まず C も E の任意の対象として，$\mathrm{E} \downarrow A$ の対象 $g: C \to A$ について，E の対象 E を次のように定義する．すなわち E は，b を B の要素とし，s を下図を可換とする E の矢とした上で（i.e. s を $f^{-1}(\{b\})$ 上の g の section とした上で），これら b と s との対 $\langle b, s \rangle$ からなる集合として定義する．(i.e. $E = \{\langle b, s\rangle \mid b \in B$ かつ $s: f^{-1}(\{b\}) \to C$ かつ $g \circ s = m$ かつ $m: f^{-1}(\{b\}) \rightarrowtail A\}$.)

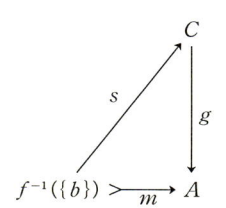

$$\begin{array}{ccc}
 & & C \\
 & \nearrow^{s} & \downarrow g \\
f^{-1}(\{b\}) & \rightarrowtail_{m} & A
\end{array}$$

つづいて上の E を使って，$\mathrm{E} \downarrow B$ の対象 $\Pi_f(g): E \to B$ を E の B への射影 π_1 と考える．すると以上により，Π_f が $\mathrm{E} \downarrow A$ の対象 $g: C \to A$ に $\mathrm{E} \downarrow B$ の対象 $\Pi_f(g): E \to B$ を対応させていることが分かる．

(2) C' も E の任意の対象として，$g: C \to A$ および $g': C' \to A$ なる $\mathrm{E} \downarrow A$ の対象間の矢 $k: C \to C'$ に対しては，上の (1) の Π_f による $\Pi_f(g)$, $\Pi_f(g')$ なる $\mathrm{E} \downarrow B$ の対象間の矢を $\Pi_f(k)$ と考えることによって，Π_f が $\mathrm{E} \downarrow A$

の矢 k に $E{\downarrow}B$ の矢 $\Pi_f(k)$ を対応させていることが分かる.

(3) 以上の (1), (2) により, Π_f は $E{\downarrow}A$ から $E{\downarrow}B$ への関手であるといえる. すなわち上のように関手 Π_f を定義できることから, その存在は明らかである. なお, 全体の状況を図示しておく.

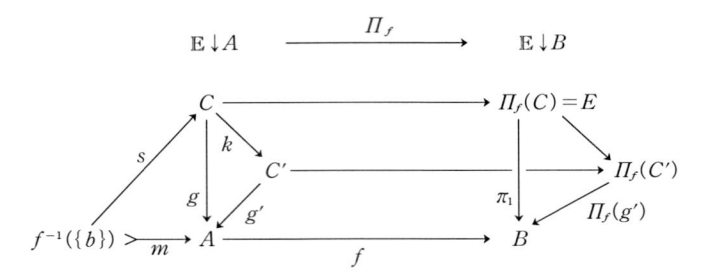

$$E{\downarrow}A \xrightarrow{\quad \Pi_f \quad} E{\downarrow}B$$

〈II〉 $f^* \dashv \Pi_f$ について. $g : C \to A$ および D を E の任意の対象として $h : D \to B$ を考える. このとき, f^* を p.b. 関手とすると, 下図における四辺形 $ABDP$ が p.b. であることから, $f^*(h)$ は E の対象 P から A への矢である. すなわち P は $\{\langle a, d\rangle \mid f(a) = h(d)$ かつ $a \in A$ かつ $d \in D\}$ であり, $f^*(h)$ はこの P から A への射影 π_1 である.

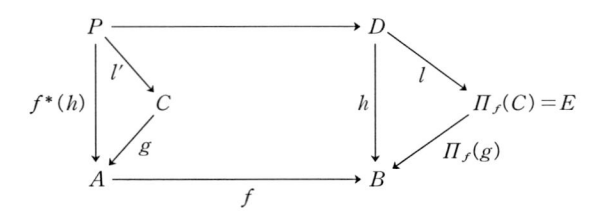

以上の点を踏まえた上で改めて, $h : D \to B$ と $\Pi_f(g) : E \to B$ なる $E{\downarrow}B$ の対象間の $E{\downarrow}B$ における矢を l とする. するとこの l に対して, $f^*(h) : P \to A$ と $g : C \to A$ なる $E{\downarrow}A$ の対象間の $E{\downarrow}A$ における矢 l' が, 以下のように一意的に定義できてくる.

まず, $d(\in D)$ は h の $h(d)$ 上のストークの中にあるが, $\langle a, d\rangle \in P$ のとき $f(a) = h(d)$ であることから, d は h の $f(a)(\in B)$ 上のストークの中にあり, したがって $l(d)$ は $\Pi_f(g)$ の $f(a)$ 上のストークの中にあることに注意する. すると $\Pi_f(g) : E \to B$ の E の定義から, d には l によって

§3.4 トポスの基本定理（その2）

$f^{-1}(\{f(a)\})$ 上の g の section $s : f^{-1}(\{f(a)\}) \to C$ が対応してくる．すなわち $l(d)$ は $f^{-1}(\{f(a)\})$ 上の g の section s である．するとさらに，$f^*(h)$ から g への $\mathbf{E}{\downarrow}A$ での矢 $l' : P \to C$ が，$l'(\langle a,d \rangle) = s(a) = l(d)a$ とすることによって，ここに l' が l に一意的に対応するものとして定義できてくる．

ところでこの $h \xrightarrow{l} \Pi_f(g)$ と $f^*(h) \xrightarrow{l'} g$ との一意的対応は，下図のように表わすことができる．そしてこの図は，随伴関係の定義により，関手 Π_f が関手 f^* の右-随伴となっていることを示している．すなわち $f^* \dashv \Pi_f$ が成立する．

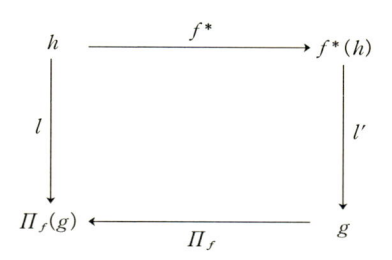

$$\begin{array}{ccc} h & \xrightarrow{f^*} & f^*(h) \\ {\scriptstyle l}\downarrow & & \downarrow{\scriptstyle l'} \\ \Pi_f(g) & \xleftarrow{\Pi_f} & g \end{array}$$ □

注意 1) 上の証明における $f^{-1}(\{b\})$ 上の g の section s は，A から C への section としては，局所的な section (i.e. $s : A \rightarrowtail C$) となっている．実際，$f : A \to B$ は必ずしも epi ではなく，したがっている $b (\in B)$ については，その逆像 $f^{-1}(\{b\})$ は A の部分集合とならない場合があり得る．証明の中の s は，あくまでも $f^{-1}(\{b\}) \rightarrowtail A$ なる $f^{-1}(\{b\})$ 上での g の section であり，A から C への矢としては，部分矢 (s, m) である．すなわち s は g の局所的な section である．

2) 定理1の上の証明は，§3.3での証明とは異なり，トポス E として Set を念頭において証明されている．それゆえトポス E 一般についての証明としては，十分なものとはいえない．

上の注意2)で触れているように，定理1の上の証明は，確かに一般性を欠いている．というのは，注意1)の方で触れているように上の証明では，局所的な section という部分矢が登場するが，定理1を一般性をもった仕方

で証明しようとするときには，この部分矢のトポスEでの取り扱いを保証するパーシャルアロー・クラシファイヤー partial arrow classifier と呼ばれるものがトポスEに存在することが，予め一般的に証明されていることが必要となるからである（なお，以下では，§4.2の題名の場合を除いて，片仮名ではなく partial arrow classifier と表記していく）．すなわち定理1の一般的な仕方での証明には，いわゆる「partial arrow classifier の存在定理」とその証明が，その準備として必要となる．しかしこの定理の証明自体，さらに若干の準備を必要とし，また正式に展開するとかなり長いものとなる．そこで第3章では，本質的な事柄の理解を優先することにして，差し当りトポスEとして Set を念頭においた仕方での証明にとどめておいた．

巾の存在とトポスの基本定理

次に，基本定理の証明としては，その最後の手順となる$E{\downarrow}B$での巾の存在をみてみる．そのために，§2.3で触れたように，巾が積と深く係わっていることを注意しよう．すなわち両者には，$C(C\times A, B) \cong C(C, B^A)$（i.e. §2.3の定理1）なる関係が成立しており，また§3.2で触れたように，この関係は巾が積の右-随伴となっていることを示している．とすると$E{\downarrow}B$の巾については，$E{\downarrow}B$における積を考え，その上でその右-随伴を考えることによって，その存在を示すことができる，と予想される．そこでこの辺のところを，この§3.4の定理2とその証明として，さっそくみていくことにする．

定理2 Eをトポスとし，BをEの任意の対象とする．このとき，$E{\downarrow}B$には巾が存在する．

証明 A, D は各々Eの任意の対象として，$f : A \to B$ および $h : D \to B$ なる$E{\downarrow}B$の対象が与えられているとする．このとき，$E{\downarrow}B$での巾であるh^fは，すでにその存在が確認されている関手f^*とΠ_fとを使って，$\Pi_f(f^*(h))$と定義できてくる．以下，このことを少しずつ示していく．

§3.4 トポスの基本定理（その２）

(1) まず下図によって，（ ）×f なる $\mathrm{E}{\downarrow}B$ での積が（ ）×$f : \mathrm{E}{\downarrow}B \to \mathrm{E}{\downarrow}B$ なる関手であること，およびそれが，さらに具体的には，関手 $f^* : \mathrm{E}{\downarrow}B \to \mathrm{E}{\downarrow}A$ とすでにその存在が確認されている関手 $\Sigma_f : \mathrm{E}{\downarrow}A \to \mathrm{E}{\downarrow}B$ との二つの関手から合成される関手 $\Sigma_f(f^*(\ ))$ となることは，明らかである．すなわち，$(h) \times f = f \circ f^*(h) = \Sigma_f(f^*(h))$.

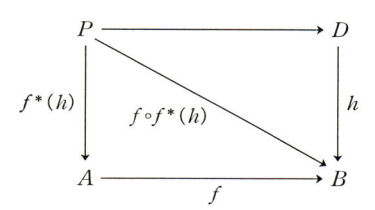

$$\begin{array}{ccc} P & \longrightarrow & D \\ {\scriptstyle f^*(h)}\downarrow & {\scriptstyle f \circ f^*(h)} \searrow & \downarrow{\scriptstyle h} \\ A & \xrightarrow{\ f\ } & B \end{array}$$

念のために補足すると，四辺形 $ABDP$ は E での p.b. であるが，$\mathrm{E}{\downarrow}B$ では h と f との積（i.e. $h \times f : P \to B$）と考えられる，ということである．

(2) 次に，この合成された関手 $\Sigma_f(f^*(\ )) : \mathrm{E}{\downarrow}B \to \mathrm{E}{\downarrow}B$ が，同様に関手 f^* と関手 Π_f との二つの関手から合成された関手 $\Pi_f(f^*(\ )) : \mathrm{E}{\downarrow}B \to \mathrm{E}{\downarrow}B$ の左-随伴となること（i.e. $\Sigma_f f^* \dashv \Pi_f f^*$）も，$\Sigma_f \dashv f^*$（§3.3 の定理４）および $f^* \dashv \Pi_f$（§3.4 の定理１）を踏まえた下図より明らかとなる．

$$\mathrm{E}{\downarrow}B \ \underset{\Pi_f}{\overset{f^*}{\rightleftarrows}} \ \bot \ \mathrm{E}{\downarrow}A \ \underset{f^*}{\overset{\Sigma_f}{\rightleftarrows}} \ \bot \ \mathrm{E}{\downarrow}B \qquad (※)$$

(3) 以上の(1), (2)により，$\Pi_f(f^*(\ ))$ は（ ）×f の右-随伴であり，また一方で §3.2 の随伴関係の例１により，積の右-随伴が巾であることから，いまや $(h) \times f$ に対する $\Pi_f(f^*(h))$ が，$\mathrm{E}{\downarrow}B$ での巾 $(h)^f$ と定義できてくる． □

注意 上の証明の(2)の（※）の部分は，一般に $F \dashv G$, $G \dashv H \Rightarrow FG \dashv HG$ …(#) が成立することによる．なお念のため，この (#) についても，簡易的な仕方で示しておこう．まず (#) の⇒の左が成立しているとする．すな

わち $F(C) \to B \iff C \to G(B)$ …(1) および $G(C) \to B \iff C \to H(B)$ …(2) とする。ここで (1) の C に $G(C)$ を代入すると、$FG(C) \to B \iff G(C) \to G(B)$ …(3) を得る。同様に (2) の B に $G(B)$ を代入すると、$G(C) \to G(B) \iff C \to HG(B)$ …(4) を得る。よって (3), (4) より、$FG(C) \to B \iff C \to HG(B)$ となる。すなわち $FG \dashv HG$ となり、(#) が成立する。

以上、§3.3 の定理 1〜定理 4 およびこの §3.4 の定理 1、定理 2 の証明を終えたいま、ようやく §3.3 で提示した「トポスの基本定理」が証明されたといえる。そこでここに、基本定理を改めてこの §3.4 の定理 3 として、再録しておく。

定理 3 (トポスの基本定理)

$\mathbf{E}$ をトポスとし、B を $\mathbf{E}$ の任意の対象とする。このとき、$\mathbf{E}{\downarrow}B$ もトポスである。

また A も $\mathbf{E}$ の任意の対象とし、$f: A \to B$ を $\mathbf{E}$ の矢とするとき、$\mathbf{E}{\downarrow}A$ と $\mathbf{E}{\downarrow}B$ との間には、$f^*: \mathbf{E}{\downarrow}B \to \mathbf{E}{\downarrow}A$, $\Sigma_f: \mathbf{E}{\downarrow}A \to \mathbf{E}{\downarrow}B$ および $\Pi_f: \mathbf{E}{\downarrow}A \to \mathbf{E}{\downarrow}B$ なる関手 f^*, Σ_f, Π_f が存在し、$\Sigma_f \dashv f^* \dashv \Pi_f$ が成立する。

証明 $\mathbf{E}{\downarrow}B$ がトポスとなることは、§3.3 の定理 1 と §3.4 の定理 2 により明らかである。また f^*, Σ_f, Π_f なる各関手の存在と、それらの間の $\Sigma_f \dashv f^* \dashv \Pi_f$ なる随伴関係は、§3.3 の定理 2〜定理 4 および §3.4 の定理 1 より明らかである。 □

第4章　プルバック関手 f^* の右-随伴関手 Π_f

「トポスの基本定理」については，第3章において一応その解説は終了した．しかし§3.4の定理1（i.e. Π_f の存在と $f^* \dashv \Pi_f$ の成立）の証明は，すでにその証明直後に注意しておいたように，必ずしも一般的な仕方のものではなかった．そこでこの第4章では，改めてこの部分に焦点を合せ，多少立ち入った形になるが，一般的な仕方での証明を与えてみることにする．

もとより，知識論的な関心からトポスに注目し，その立場からとくに「基本定理」をも理解しようとする姿勢を取る限りにおいては，第3章の解説で十分である．したがって，そのような立場からは，この第4章を飛ばして直接〈結び〉に進むことも可能である．しかしより徹底した理論的な立場からは，§3.4の定理1の証明の不備を補う必要があろう．

ところで，§3.4でその定理1の一般的な仕方での証明を回避したのは，これまたすでに触れたように，その証明にはトポスの基礎的な性質の一つである「partial arrow classifier の存在定理」が必要となるからであった．そこでこの第4章では，まずこの定理に注目し，この定理の証明を実行しなければならない．しかしこの定理の証明には，実はさらにその準備として，トポスにおいて成立する基礎的な事柄のいくつかを証明し確認することが必要となる．

このような事情から，この章でははじめの§4.1においてシングルトン $\{\cdot\}$ の定義や「epi-momo 分解定理」などを取り上げ，つづく§4.2において「partial arrow classifier の存在定理」を取り上げる．そして最後の§

4.3において，この章の目的である§3.4の定理1（i.e. $\varPi_f$ の存在と $f^* \dashv \varPi_f$ の成立）を，改めて§4.3の定理2として一般的な仕方でその証明を与えていくことにする．

§4.1 トポスの基礎的な諸性質

この§では，トポスEにおいて成立する基礎的な諸性質のうち，とくに次の§4.2で必要となるシングルトンなる矢 $\{\cdot\}$ の定義および「epi-mono 分解定理」を，取り上げる．またその際必要となるトポスにおける mono と iso の性質にも予め少々触れておく．なお，この§で登場する対象および矢は，とくに断わらない限り，すべてトポスEでのものとする．

トポスにおける mono と iso

はじめに，トポスにおける mono と iso なる矢についての性質を，二つほど確認しておく．

定理1 $f: A \rightarrowtail B$ を mono なる矢とする．このとき，f は f の character χ_f と $\top \circ !_B$ (i.e. $\top_B$) との equalizer である．

証明 mono f については，下図が p.b. となり，可換であることから，$!_A = !_B \circ f$ であり，かつ $\chi_f \circ f = \top \circ !_A = \top \circ !_B \circ f$ である．

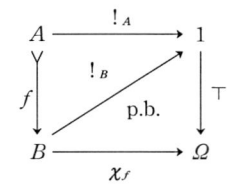

$$\begin{array}{ccc} A & \xrightarrow{!_A} & 1 \\ {\scriptstyle f} \downarrow & {\scriptstyle !_B} \nearrow \text{p.b.} & \downarrow {\scriptstyle \top} \\ B & \xrightarrow[\chi_f]{} & \varOmega \end{array}$$

そこでさらに下図におけるような $h: C \to B$ と $!_C: C \to 1$ とを考えるとき，$\chi_f \circ h = \top \circ !_B \circ h = \top \circ !_C$ なら，上図が p.b. ゆえ，$k: C \to A$ が一意的

§4.1 トポスの基礎的な諸性質

に存在する．

$$\begin{array}{c} C \xrightarrow{k} A \xrightarrow{!_A} 1 \\ \downarrow h \quad \downarrow f \quad \downarrow !_B \quad \downarrow \top \\ B \xrightarrow{\chi_f} \Omega \end{array}$$

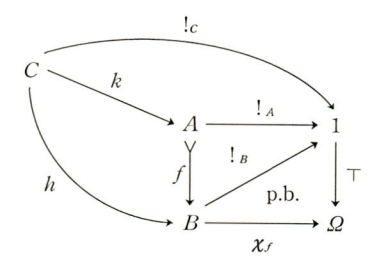

するとこの状況から，下図のように，f は χ_f と $\top \circ !_B$ との equalizer であることが示される．

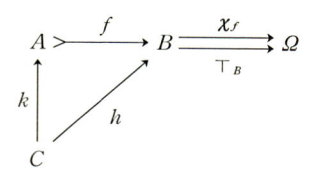

$$A \rightarrowtail^{f} B \rightrightarrows^{\chi_f}_{\top_B} \Omega$$

$k \uparrow \nearrow h$
C

注意 上の定理は，トポスにおいては f が mono なら f は equalizer である，ことを明らかにしている．したがって §2.2 の定理 2 で明らかにした圏一般で成立する事柄，f が equalizer なら f は mono である，と合せるとき，トポスでは mono なる矢と equalizer とが結局同じものとなっている．

定理 2 矢 $f: A \to B$ は iso である $\iff$ 矢 $f: A \to B$ は mono かつ epi である．

証明 (1) $\Rightarrow$ について．これは圏一般について成立する事柄であり，§2.1 の定理 2 として示してある．

(2) $\Leftarrow$ について．f を mono かつ epi とする．すると，上の定理 1 により，f は epi なる equalizer である．そこで epi なる equalizer が iso になることを示していく．

そのために，$B \underset{k}{\overset{h}{\rightrightarrows}} C$ として，f をこの h と k との equalizer とする．す

ると $h\circ f=k\circ f$ であるが，一方 f は epi ゆえ，$h=k$ を得る．ここでさらに $\mathrm{id}_B: B\to B$ を考えると，$h\circ \mathrm{id}_B=k\circ \mathrm{id}_B$ となり，また f が equalizer であることから下図が成立し，$f\circ l=\mathrm{id}_B$ となる矢 $l: B\to A$ が一意的に存在する．

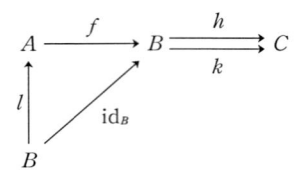

$$
\begin{array}{c}
A \xrightarrow{f} B \rightrightarrows^{h}_{k} C \\
l\uparrow \nearrow \mathrm{id}_B \\
B
\end{array}
$$

一方 $\mathrm{id}_B\circ f=f=f\circ \mathrm{id}_A$ であり，上の $f\circ l=\mathrm{id}_B$ と合せると，$f\circ l\circ f=f\circ \mathrm{id}_A$ …(#) となる．すると f は equalizer ゆえ，§2.2 の定理 2 により mono であり，(#) から $l\circ f=\mathrm{id}_A$ も成立する．すなわち $f\circ l=\mathrm{id}_B$ かつ $l\circ f=\mathrm{id}_A$ であり，l を f^{-1} と考えることによって，f が iso であることが示された． □

注意 上の定理の $\Rightarrow$ は，証明の中で触れたとおり，圏一般で成立するが，その逆 $\Leftarrow$ は，圏一般では必ずしも成立しない．しかしトポスにおいては，この定理に先立って定理 1 が成立するゆえ，それに伴って mono かつ epi であれば iso であることが成立する．

シングルトン $\{\cdot\}$ について

つづいて次の §4.2 での「partial arrow classifier の存在定理」の証明に当って，是非必要となるシングルトンなる矢 $\{\cdot\}$ が，トポスでは定義できること，および $\{\cdot\}$ が mono であることを取り上げる．

定義（シングルトン）

$\mathbb{E}$ をトポスとし，A を $\mathbb{E}$ の対象とする．また §2.3 で定義したように δ_A を対角矢 Δ_A の character とする．このとき，下図を可換とする δ_A の transpose $\hat{\delta}_A: A\to \Omega^A$ は「シングルトン」(singleton) と呼ばれ，記号 $\{\cdot\}_A$ で表わされる (i.e. $\{\cdot\}_A: A\to \Omega^A$).

§4.1 トポスの基礎的な諸性質

$$\begin{array}{c} \Omega^A \times A \\ {\scriptstyle \hat{\delta}_A \times \mathrm{id}_A} \uparrow \quad \searrow {\scriptstyle \mathrm{ev}} \\ A \times A \xrightarrow[\delta_A]{} \Omega \end{array}$$

□

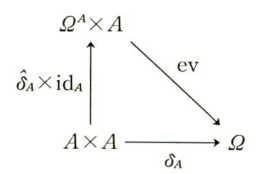

注意 シングルトンは，集合としては単一集合に相当する．

定理 3 矢 $\{\cdot\}_A : A \to \Omega^A$ は mono である．

証明 $B \underset{g}{\overset{f}{\rightrightarrows}} A \xrightarrow{\{\cdot\}_A} \Omega^A$ において，$\{\cdot\}_A \circ f = \{\cdot\}_A \circ g$ のとき，$f = g$ であることを示せばよい．

まず下図を考える．

$$\begin{array}{c} \Omega^A \times A \\ {\scriptstyle \{\cdot\} \times \mathrm{id}_A} \uparrow \quad \searrow {\scriptstyle \mathrm{ev}} \\ B \times A \underset{g \times \mathrm{id}_A}{\overset{f \times \mathrm{id}_A}{\rightrightarrows}} A \times A \xrightarrow[\delta_A]{} \Omega \end{array}$$

ここで $\{\cdot\}_A \circ f = \{\cdot\}_A \circ g$ とすると，§2.3 での δ_A の定義と合せて図は可換となり，$\delta_A \circ (f \times \mathrm{id}_A) = \delta_A \circ (g \times \mathrm{id}_A) \cdots (\#)$ が成立する．またつづいて下図を考える．

$$\begin{array}{ccccc} B & \xrightarrow{f} & A & \xrightarrow{!_A} & 1 \\ {\scriptstyle \langle \mathrm{id}_B, f \rangle} \downarrow & \text{※} & \downarrow {\scriptstyle \Delta_A} & \text{p.b.} & \downarrow {\scriptstyle \top} \\ B \times A & \xrightarrow[f \times \mathrm{id}_A]{} & A \times A & \xrightarrow[\delta_A]{} & \Omega \end{array}$$

すると，この長方形の ※ の部分は p.b. といえる．なぜなら下図において，矢 l を除いた図が可換なとき，l として $\pi_1 \circ h$ なる矢が一意的に存在するからである．

$$\begin{array}{c}
C \xrightarrow{\;k\;} \\
\downarrow l \quad \searrow \\
B \xrightarrow{\;f\;} A \\
\langle \mathrm{id}_B, f \rangle \downarrow \quad \downarrow \varDelta_A \\
B \times A \xrightarrow[f \times \mathrm{id}_A]{} A \times A
\end{array}$$

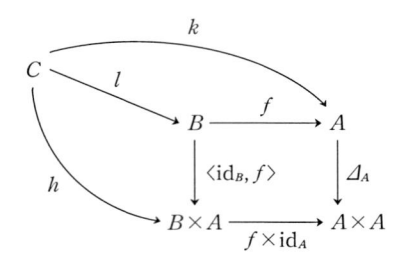

するとさらに，先の長方形の二つの部分が p.b. であることから，§2.2 の定理 4 の (2) により，長方形全体も p.b. であるといえる．そして以上のことは，f を g にした長方形についても成立する．よってここで上の (#) をも考え合せると，$\langle \mathrm{id}_B, f \rangle = \langle \mathrm{id}_B, g \rangle$ であり，また $f = g$ である． □

epi-mono 分解定理

さらに，トポスで成立する基礎的な諸性質の中から，トポスにおいては任意の矢が epi と mono に分解できる，といういわゆる「epi-mono 分解定理」を取り上げる．これも，$\{\cdot\}$ と同様に，次の §4.2 の定理の証明で使用される事柄となる．

まずはじめに，任意の矢 $f : A \to B$ に対して，f のイメージなる矢 $\mathrm{im}f$ の定義を与えよう．

定義（f のイメージ）

$f : A \to B$ を任意の矢とする．このとき，下図のような f の f による p.o. (i.e. pushout) における矢 h, k についての equalizer は，「f のイメージ (i.e. 像)」(image of f) と呼ばれ，記号 $\mathrm{im}f$ で表わされる (i.e. $\mathrm{im}f : f(A) \to B$)．

§4.1 トポスの基礎的な諸性質

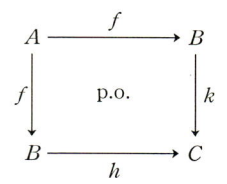

$$\begin{array}{ccc} A & \xrightarrow{f} & B \\ f\downarrow & \text{p.o.} & \downarrow k \\ B & \xrightarrow{h} & C \end{array}$$

なお念のために，$\mathrm{im}f$ が equalizer となっている図を添えておく．

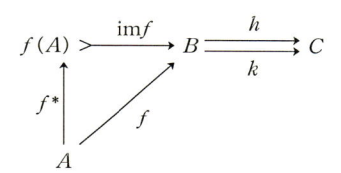

$$f(A) \underset{f^*\nwarrow\;\nearrow f}{\overset{\mathrm{im}f}{\rightarrowtail}} B \underset{k}{\overset{h}{\rightrightarrows}} C$$
$$A$$

また，図中における矢 $f^*: A \to f(A)$ は，$\mathrm{im}f$ が equalizer であることから当然一意的に存在している矢となっている．

注意　上記 f^* および epi-mono 分解での f^* や f^{**} における添付記号 $*$ は，p.b. 関手 f^* の $*$ と同じ形であるが，全く異なる意味として使用している．

定義につづいて，次に「epi-mono 分解定理」に直結する定理4をみてみる．

定理4　$f: A \to B$ を任意の矢とする．

(1) このとき，任意の r と mono s について，$f = s \circ r$ であるなら，下図を可換とする矢 $t: f(A) \to D$ が一意的に存在する．

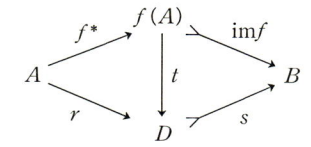

$$\begin{array}{ccc} & f(A) & \\ {}^{f^*}\nearrow & \downarrow t & \searrow^{\mathrm{im}f} \\ A & & B \\ & \searrow_r \quad \nearrow_s & \\ & D & \end{array}$$

(2) また，上図における $f^*: A \to f(A)$ は epi である．

証明 (1) について．まず下図を考える．

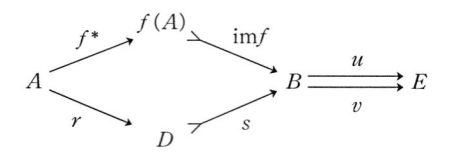

$$A \xrightarrow{f^*} f(A) \xrightarrow{\mathrm{im}f} B \underset{v}{\overset{u}{\rightrightarrows}} E$$
$$A \xrightarrow{r} D \xrightarrow{s} B$$

ここで s は mono ゆえ，定理1により equalizer であり，$u \circ s = v \circ s$ である．すると，$f = s \circ r$ をも考え合せて，$u \circ f = u \circ s \circ r = v \circ s \circ r = v \circ f$ が成立する．するとさらに，下図の l を除いた部分が可換となり，また四角形の部分が p.o. であることから，矢 $l : C \to E$ が一意的に存在し，$l \circ h = u$ かつ $l \circ k = v \cdots$ (#) となる．

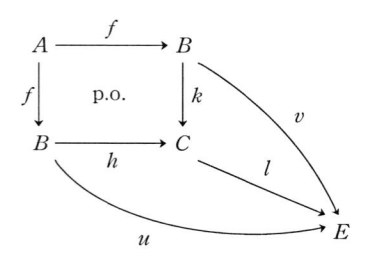

$$\begin{array}{ccc} A & \xrightarrow{f} & B \\ f\downarrow & \text{p.o.} & \downarrow k \\ B & \xrightarrow{h} & C \end{array} \xrightarrow{l} E$$
(with v from B to E and u from B to E)

一方，$\mathrm{im}f$ はその定義により h, k の equalizer であるゆえ，$h \circ \mathrm{im}f = k \circ \mathrm{im}f$ である．よってこれと上の (#) を合せると，$u \circ \mathrm{im}f = l \circ h \circ \mathrm{im}f = l \circ k \circ \mathrm{im}f = v \circ \mathrm{im}f$ が成立する．そこで再び s が equalizer であることを注意すると，ここに下図を可換とする矢 $t : f(A) \to D$ が一意的に存在することが明らかとなる．

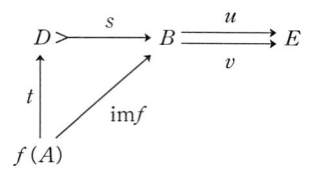

$$D \overset{s}{\rightarrowtail} B \underset{v}{\overset{u}{\rightrightarrows}} E$$
$$t\uparrow \quad \nearrow \mathrm{im}f$$
$$f(A)$$

ところでこの t は，$s \circ t = \mathrm{im}f$ ゆえ，定理中の図の右部分を可換とする．さらにまた，$s \circ t \circ f^* = \mathrm{im}f \circ f^* = f = s \circ r$ であり，しかも s は mono ゆえ，$t \circ$

§4.1 トポスの基礎的な諸性質

$f^* = r$ である．よって t は，定理中の図の左部分も可換としている．以上により，定理の (1) は示された．

(2) について．まず $f^*: A \to f(A)$ 自身のイメージ $\mathrm{im} f^*$ を考える．すなわち下図を考える．

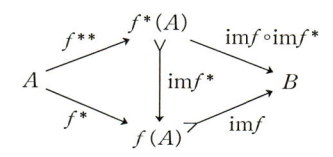

$$\begin{array}{c} f^*(A) \\ f^{**} \nearrow \quad \downarrow \quad \searrow \mathrm{im} f \circ \mathrm{im} f^* \\ A \quad \mathrm{im} f^* \quad B \\ f^* \searrow \quad \nearrow \mathrm{im} f \\ f(A) \end{array}$$

ここで $\mathrm{im} f$，$\mathrm{im} f^*$ は各々 mono ゆえ，$\mathrm{im} f \circ \mathrm{im} f^*$ は mono である．よって，この $\mathrm{im} f \circ \mathrm{im} f^*$ を (1) の s とみなしてこれに (1) を適用すると，下図を可換とする矢 t が一意的に存在することが分かる．

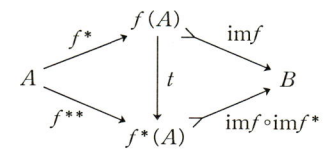

$$\begin{array}{c} f^* \nearrow f(A) \searrow \mathrm{im} f \\ A \quad \downarrow t \quad B \\ f^{**} \searrow f^*(A) \nearrow \mathrm{im} f \circ \mathrm{im} f^* \end{array}$$

するといまや，上の二つの図から，下図が得られる．すなわち B の部分対象においては，$t = \mathrm{im} f^{*-1}$ と考えられ，$f^*(A) \cong f(A)$ であり，$\mathrm{im} f^*$ は一意的な iso なる矢となっている．

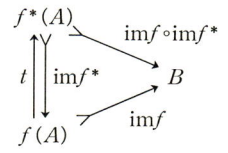

$$\begin{array}{c} f^*(A) \searrow \mathrm{im} f \circ \mathrm{im} f^* \\ t \updownarrow \mathrm{im} f^* \quad B \\ f(A) \nearrow \mathrm{im} f \end{array}$$

一方 $\mathrm{im} f^*$ は，定義により，下図（左）をみたす矢 p，q の equalizer である．すなわち $\mathrm{im} f$ については，下図（右）が成立しており，$p \circ \mathrm{im} f^* = q \circ \mathrm{im} f^*$ である．

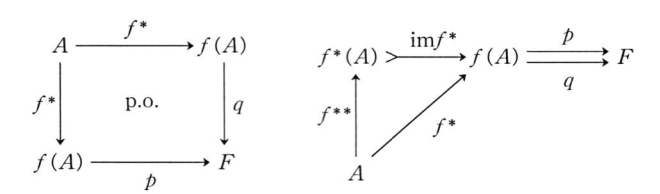

$$
\begin{array}{ccc}
A & \xrightarrow{f^*} & f(A) \\
{\scriptstyle f^*}\downarrow & \text{p.o.} & \downarrow{\scriptstyle q} \\
f(A) & \xrightarrow{p} & F
\end{array}
\qquad
\begin{array}{c}
f^*(A) \xrightarrow{\mathrm{im}f^*} f(A) \underset{q}{\overset{p}{\rightrightarrows}} F \\
{\scriptstyle f^{**}}\nwarrow \quad \nearrow{\scriptstyle f^*} \\
A
\end{array}
$$

すると，imf^*が iso であることは，定理 2 により imf^* は epi でもあることから，$p=q$ が得られてくる．

そこで次に，$p=q$ のとき f^* が epi となることを示していく．そのために下図を考える．

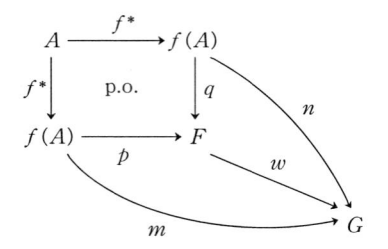

$$
\begin{array}{ccc}
A & \xrightarrow{f^*} & f(A) \\
{\scriptstyle f^*}\downarrow & \text{p.o.} & \downarrow{\scriptstyle q} \searrow{\scriptstyle n} \\
f(A) & \xrightarrow{p} & F \searrow{\scriptstyle w} \\
& \searrow{\scriptstyle m} & \quad G
\end{array}
$$

その上で，$m \circ f^* = n \circ f^*$ と仮定する．すると，w を除いた図は可換となり，また四角形の部分が p.o. であるゆえ，矢 $w : F \to G$ が一意的に存在し，$m = w \circ p$ かつ $n = w \circ q$ が成立する．よって，ここで $p=q$ とすると，$m=n$ となり，f^* が epi であることが示された． □

定理 5（epi-mono 分解定理） $f : A \to B$ を任意の矢とする．このとき矢 f は，epi となる矢 $f^* : A \twoheadrightarrow f(A)$ と mono なる矢 im$f : f(A) \rightarrowtail B$ とに，同型の場合は同一とみなした上で，一意的に分解される（i.e. $f =$ im$f \circ f^* : A \twoheadrightarrow f(A) \rightarrowtail B$）．

証明 上の定理は，$f = s \circ r : A \twoheadrightarrow D \rightarrowtail B$ なら下図を可換とする iso なる矢 $t : f(A) \to D$ が一意的に存在する，といいかえられる．

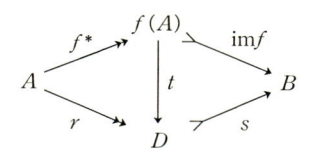

$$\begin{array}{c} & f(A) & \\ {}^{f^*}\nearrow & \downarrow t & \searrow^{\mathrm{im}f} \\ A & & B \\ {}_r\searrow & \downarrow & \nearrow_s \\ & D & \end{array}$$

するとまず，直前の定理 4 により，t の一意的な存在は明らかである．また $s \circ t = \mathrm{im}f$ が mono であることから，§2.1 の定理 1 の (1) により t も mono であり，同じく $t \circ f^* = r$ が epi であることから，§2.1 の定理 1 の (2) により t は epi でもある．すなわち t は mono かつ epi であり，結局定理 2 によって，t が iso であることも分かる． □

§4.2† パーシャルアロー・クラシファイヤーの存在定理

partial arrow classifier の存在定理

§3.4 の定理 1 (i.e. Π_f の存在と $f^* \dashv \Pi_f$ の成立) について，§3.4 でのその証明が一般性を欠いていること，および一般的な仕方でのその定理の証明には，いわゆる「partial arrow classifier の存在定理」がその前提として必要であることなどについては，すでに §3.4 などで触れたとおりである．そこで，§3.4 の定理 1 を改めて一般的な仕方で証明することをこの章の課題としている以上，いよいよいまこの § で問題の「存在定理」を取り上げることにする．まずさっそく定理自体を提示してみよう．なお，この § でも登場する対象や矢は，とくに断わらない限り，すべてトポス E でのものとする．

定理 (partial arrow classifier の存在定理) E をトポスとし，A, B, C の各々を E の対象とし，さらに $f : C \to B$, $g : C \rightarrowtail A$ の各々を E の矢とする．このとき，f と g との対 (f, g) (i.e. 部分矢 $f : A \rightharpoonup B$) に対して，下記の条件 [#] をみたす E の対象 $\tilde{B}$ と E の矢 $\eta_B : B \rightarrowtail \tilde{B}$ が存在する．

条件 [#]：下図を p.b. とするような矢 $\tilde{f}$ が一意的に存在する．

$$\begin{array}{ccc} C & \xrightarrow{f} & B \\ {\scriptstyle g}\downarrow & \text{p.b.} & \downarrow{\scriptstyle \eta_B} \\ A & \xrightarrow[\tilde{f}]{} & \tilde{B} \end{array}$$

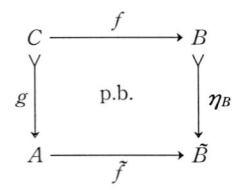

なお，上記における矢 η_B は，「パーシャルアロー・クラシファイヤー」(partial arrow classifier) と呼ばれる． □

注意 1) すでに注意したように，パーシャルアロー・クラシファイヤーと片仮名ではなく，partial arrow classifier と表記していく．
2) partial arrow classifier η_B は，部分矢 $f: A \rightharpoondown B$ と矢 $\tilde{f}: A \to \tilde{B}$ との間に対応を与えるものとなっている．

ところでこの定理の証明であるが，その内容は直ちには必ずしも分かり易いとはいえない．またその展開は少々長くなる．そこでその証明に入る前に，予め証明の背後にある考え方の要点を，集合の場合で説明しておく．

上記定理の証明の考え方

まず A，B を集合として，$f: A \rightharpoondown B$ なる部分写像を考える．すなわち $x \in \mathrm{dom} f$ なる $x \in A$ が存在する場合を考える．また次に一方で，B の要素以外の要素を仮に＊として新たに導入する (i.e. $* \notin B$)．その上で，$x \notin \mathrm{dom} f$ のときには $f(x) = *$ であるとすると，このように考えられた新たな f は，A のすべての要素 x (i.e. $x \in A$) について値をもつことになる．しかしこの場合，この新しい f の終域はもとよりもはや B とはいえない．そこでこの新しい f の新しい終域をどのようなものとするかが問題となってくる．

しかしこの問題に対しては，以下のように考えることによって解決する．すなわちまずはじめに，$* \notin B$ なる要素 $*$ を空集合 ϕ とし，またこの ϕ と集合として並び得るように B の各要素 y に対応する単一集合 $\{y\}$ を用意する．そして次に，これらの集合をすべて要素とする集合 (i.e. $\{\phi\} \cup$

§4.2' パーシャルアロー・クラシファイヤーの存在定理　　　157

$\{\{y\} \mid y \in B\}$) を考え，これを新しい f の新しい終域とすればうまくいく．実際このような考え方のもとで，新しい f を改めて $\tilde{f}$ と表わし，また上の新しい終域を $\tilde{B}$ と表わし，さらに $\mathrm{dom} f = C$ であることに注意するとき，与えられた $f : C \to B$ に対して，次のように $\tilde{f} : A \to \tilde{B}$ が定義できてくる．

$$\tilde{f}(x) = \begin{cases} \{f(x)\} : x \in \mathrm{dom} f (= C) \text{ のとき}, \\ \phi \quad\quad\;\; : x \notin \mathrm{dom} f (= C) \text{ のとき}. \end{cases}$$

とにかく集合の場合には，定理中に現われる $\tilde{f}$，$\tilde{B}$ に相当するものの存在を示すことが可能となる．と同時に，$B \rightarrowtail \tilde{B}$ なる写像を η_B と表わすとき，定理中の η_B に相当するものの存在も示すことが可能となる．以上，上記定理の証明の背後にある考え方の要点を説明してみた．

上記定理の証明

証明　(1) $\tilde{B}$ と η_B の存在について．はじめに上の証明の考え方で登場した $\tilde{B}$ に相当するものを考えよう．そのためには，集合の場合 $\tilde{B}$ の導入に際して B の各要素の単一集合が用いられたことから，トポスの場合もそれに相当する §4.1 で定義した矢 $\{\cdot\}_B : B \to \Omega^B$ が必要となる．すなわち，トポスに存在する対角矢 $\varDelta_B : B \to B \times B$ の character $\delta_B : B \times B \to \Omega$ に対応して存在するその transpose $\hat{\delta}_B \; (= \{\cdot\}_B) : B \to \Omega^B$ に，まず注目する．

ところで，この矢 $\{\cdot\}_B$ は §4.1 の定理 3 でみたように mono であった．それゆえ下図（左）と §2.2 の定理 1 により，同じく mono となる矢 $\langle\{\cdot\}_B, \mathrm{id}_B\rangle : B \to \Omega^B \times B$ が考えられ，またこの矢 $\langle\{\cdot\}_B, \mathrm{id}_B\rangle$ の character $h : \Omega^B \times B \to \Omega$ も，下図（右）のように考えられてくる．するとさらに，この h の transpose $\hat{h} : \Omega^B \to \Omega^B$ の存在も明らかとなる．

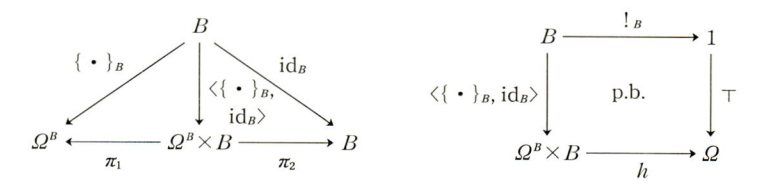

次にいままでの状況をまとめてみよう．すると下図のようになり，ここから $\hat{h}\circ\{\cdot\}_B=\{\cdot\}_B\cdots$(#) が成立することが分かる．

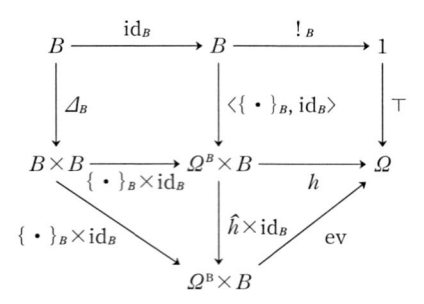

$$\begin{array}{ccccc}
B & \xrightarrow{\mathrm{id}_B} & B & \xrightarrow{!_B} & 1 \\
\downarrow{\scriptstyle \Delta_B} & & \downarrow{\scriptstyle \langle\{\cdot\}_B,\mathrm{id}_B\rangle} & & \downarrow{\scriptstyle \top} \\
B\times B & \xrightarrow{\{\cdot\}_B\times\mathrm{id}_B} & \Omega^B\times B & \xrightarrow{h} & \Omega \\
& {\scriptstyle \{\cdot\}_B\times\mathrm{id}_B}\searrow & \downarrow{\scriptstyle \hat{h}\times\mathrm{id}_B} & \nearrow{\scriptstyle \mathrm{ev}} & \\
& & \Omega^B\times B & &
\end{array}$$

するといまや，集合の場合の $\tilde{B}$ $(=\{\phi\}\bigcup\{\{y\}\mid y\in B\})$ に相当するトポスでの $\tilde{B}$ は，上の (#) より，下図をみたす $\hat{h}$ と id_{Ω^B} との equalizer として定義できてくる．と同時に，$\eta_B:B\to\tilde{B}$ も，下図において一意的に存在する矢として定義できてくる．すなわち $\tilde{B}$ と η_B の存在は明らかとなった．

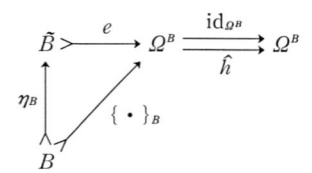

$$\begin{array}{ccc}
\tilde{B} & \xrightarrow{e} & \Omega^B \xrightarrow[\hat{h}]{\mathrm{id}_{\Omega^B}} \Omega^B \\
{\scriptstyle \eta_B}\uparrow & \nearrow{\scriptstyle \{\cdot\}_B} & \\
B & &
\end{array}$$

なお，η_B が mono であることは，equalizer の e が mono であること，$\{\cdot\}_B$ が mono であることによる．

(2) 定理中の四角形が p.b. であること，および $\tilde{f}$ の存在について．つづいて，上の $\tilde{B}$，η_B の定義を踏まえて，下図 (i.e. 定理中の四角形) が p.b. となること，および $\tilde{f}$ の存在を示していこう．

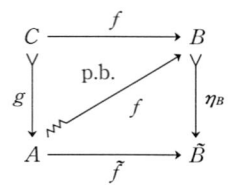

$$\begin{array}{ccc}
C & \xrightarrow{f} & B \\
{\scriptstyle g}\downarrow & {\scriptstyle \text{p.b.}}\searrow{\scriptstyle f} & \downarrow{\scriptstyle \eta_B} \\
A & \xrightarrow{\tilde{f}} & \tilde{B}
\end{array}$$

そのために，部分矢 $(f,g):A\rightarrowtail B$ に対応する mono なる矢 $\langle g,f\rangle$:

§4.2' パーシャルアロー・クラシファイヤーの存在定理

$C \rightarrowtail A \times B$ に注目し，さらにその character $l : A \times B \to \Omega$ とこの l の transpose $\hat{l} : A \to \Omega^B$ を考える．すると下図（※1）が p.b. であることを，以下のように順次示していくことができる．

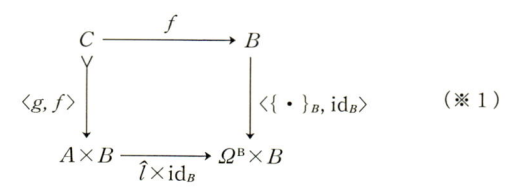

$$\begin{array}{ccc} C & \xrightarrow{f} & B \\ {\scriptstyle \langle g, f \rangle} \downarrow & & \downarrow {\scriptstyle \langle \{ \cdot \}_B, \mathrm{id}_B \rangle} \\ A \times B & \xrightarrow[\hat{l} \times \mathrm{id}_B]{} & \Omega^B \times B \end{array} \quad (※1)$$

まず，$k_1 : D \to A$, $k_2 : D \to B$ が与えられたとする．すると，l が $\langle g, f \rangle$ の character であることから，下図の四角形は p.b. となり，また一方で $l \circ \langle k_1, k_2 \rangle = \top \circ !_D$ が成立するゆえに，実際 $p : D \to C$ なる矢が一意的に存在することが分かる．

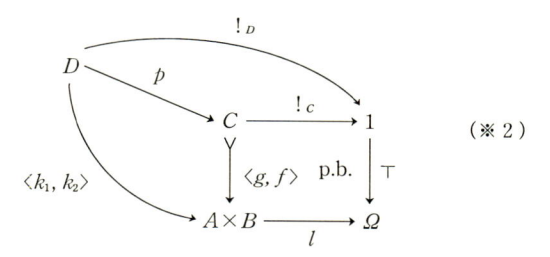

$$\begin{array}{c} D \xrightarrow{\ \ !_D\ \ } \\ \searrow^{p} \\ C \xrightarrow{\ !_C\ } 1 \\ {\scriptstyle \langle k_1, k_2 \rangle} \downarrow {\scriptstyle \langle g, f \rangle}\ \ \text{p.b.}\ \ \downarrow {\scriptstyle \top} \\ A \times B \xrightarrow[l]{} \Omega \end{array} \quad (※2)$$

なおここで $l \circ \langle k_1, k_2 \rangle = \top \circ !_D$ の成立は，下図のように，δ_B が $\varDelta_B$ の character であることから，$\delta_B \circ \langle k_2, k_2 \rangle = \top \circ !_D$ であり，また $\delta_B \circ \langle k_2, k_2 \rangle = l \circ \langle k_1, k_2 \rangle$ であることによる．

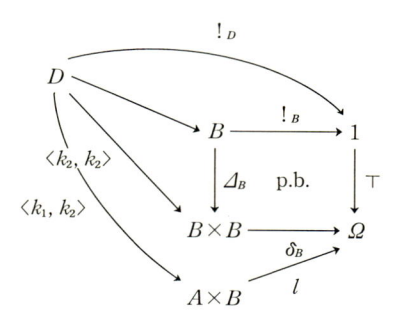

$$\begin{array}{c} D \xrightarrow{\ \ !_D\ \ } \\ B \xrightarrow{\ !_B\ } 1 \\ {\scriptstyle \langle k_2, k_2 \rangle} \downarrow {\scriptstyle \varDelta_B}\ \ \text{p.b.}\ \ \downarrow {\scriptstyle \top} \\ {\scriptstyle \langle k_1, k_2 \rangle} B \times B \xrightarrow[\delta_B]{} \Omega \\ A \times B \phantom{\xrightarrow[l]{}} \end{array}$$

160　第4章　プルバック関手 f^* の右-随伴関手 $\mathit{\Pi}_f$

次に改めて $l = \mathrm{ev} \circ \hat{l} \times \mathrm{id}_B$ および $!_C = !_B \circ f$ であることを考え合せると，図（※2）の四角形の部分は下図のようになり，図（※2）は下図の長方形部分が p.b. になることをも示している．

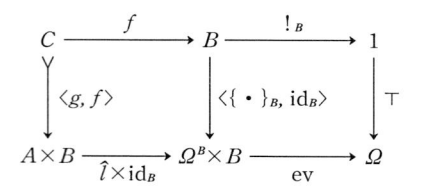

$$\begin{array}{ccccc}
C & \xrightarrow{f} & B & \xrightarrow{!_B} & 1 \\
{\scriptstyle \langle g, f \rangle}\downarrow & & {\scriptstyle \langle \{\cdot\}_B, \mathrm{id}_B \rangle}\downarrow & & \downarrow{\scriptstyle \top} \\
A \times B & \xrightarrow[\hat{l} \times \mathrm{id}_B]{} & \mathit{\Omega}^B \times B & \xrightarrow[\mathrm{ev}]{} & \mathit{\Omega}
\end{array}$$

さらにまた，その長方形の右部分の四角形に注目してみると，その四角形も p.b. となっていることが分かる．なぜなら，下図の $q : D \to B$ として，一意的に $\pi_1 \circ \langle k_2, k_2 \rangle$（ただし，$\pi_1 : B \times B \to B$）が考えられるからである．

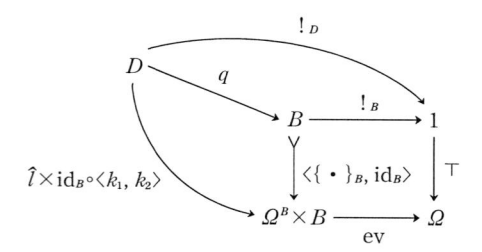

$$\begin{array}{ccccc}
 & & \xrightarrow{!_D} & & \\
D & \xrightarrow{q} & B & \xrightarrow{!_B} & 1 \\
{\scriptstyle \hat{l} \times \mathrm{id}_B \circ \langle k_1, k_2 \rangle}\downarrow & & {\scriptstyle \langle \{\cdot\}_B, \mathrm{id}_B \rangle}\downarrow & & \downarrow{\scriptstyle \top} \\
 & & \mathit{\Omega}^B \times B & \xrightarrow[\mathrm{ev}]{} & \mathit{\Omega}
\end{array}$$

するといまや，§2.2 の定理 4 の（1）により，上の長方形の左部分の四角形も p.b. となることが明らかとなった．すなわち以上により，先の図（※1）が p.b. であることが示された．

さて図（※1）が p.b. であることが示されると，このことは直ちに下図が p.b. となることを明らかにしたことにもなる．

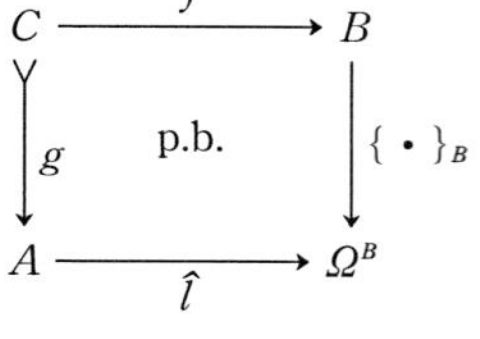

$$\begin{array}{ccc}
C & \xrightarrow{f} & B \\
{\scriptstyle g}\downarrow & \text{p.b.} & \downarrow{\scriptstyle \{\cdot\}_B} \\
A & \xrightarrow[\hat{l}]{} & \mathit{\Omega}^B
\end{array}$$

するとさらに，ここに先の（1）で定義した $\tilde{B}$, η_B を考え合せ，また §4.1 の定理 5（i.e. epi-mono 分解定理）を矢 $\hat{l}$ に適用するとき，下図のよう

に $\hat{l}$ の epi-mono 分解の epi なる矢として $\tilde{f}$ の存在が明らかとなる．すなわち定理中の四角形を p.b. とする $\tilde{f}$ の存在が示された．

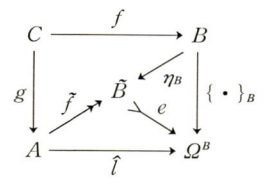

$$\begin{array}{ccc} C & \xrightarrow{f} & B \\ g \downarrow & \tilde{f} \nearrow \tilde{B} \searrow \eta_B & \downarrow \{\cdot\}_B \\ & e \downarrow & \\ A & \xrightarrow{\hat{l}} & \Omega^B \end{array}$$

(3) $\tilde{f}$ の一意性について．最後に $\tilde{f}$ の一意性を示そう．そのために，$\tilde{f}_1$ と $\tilde{f}_2$ とが各々上記の条件をみたしているとする．すると，$i=1, 2$ として，$A \xrightarrow{\tilde{f}_i} \tilde{B} \xrightarrow{e} \Omega^B$ なる $\hat{l} = e \circ \tilde{f}_i : A \to \Omega^B$ をその transpose とする $l : A \times B \to \Omega$ が，$A \times B$ の同じ部分対象の character となってくる．すなわち $e \circ \tilde{f}_1 = e \circ \tilde{f}_2$ である．よって，equalizer である $e : \tilde{B} \rightarrowtail \Omega^B$ は mono であることから，$\tilde{f}_1 = \tilde{f}_2$ が得られてくる． □

§4.3† Π_f の存在と $f^* \dashv \Pi_f$

簡単な準備一つ

この§では，前§の「partial arrow classifier の存在定理」を前提にした，§3.4 の定理 1 の一般的な仕方での証明を取り上げる．しかしその前にさらに準備として，p.b. についての性質をいま一つ確認しておく必要がある．

定理 1 C を圏とし，A, B, C を各々 C の対象とし，さらに $f : A \to C$, $g : B \to C$ を各々 C の矢とする．その上で，C に積が存在し，また $A \xrightarrow{f} C \xleftarrow{g} B$ に対する p.b. となる対象 P も存在するとき，mono なる矢 $h : P \rightarrowtail A \times B$ が一意的に存在する．

証明 定理の状況は，下図における四辺形 $PBCA$ とその内部によって表わされる．

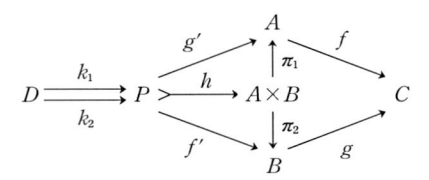

$$D \underset{k_2}{\overset{k_1}{\rightrightarrows}} P \overset{h}{\rightarrowtail} A \times B$$
（図：$g': P \to A$, $f': P \to B$, $\pi_1: A \times B \to A$, $\pi_2: A \times B \to B$, $f: A \to C$, $g: B \to C$）

するとここで，p.b. の定義により，$f \circ g' = g \circ f'$ であること，また積の定義により，$g' = \pi_1 \circ h$ かつ $f' = \pi_2 \circ h$ であること，およびこのような h が一意的に存在することは明らかである．

そこであとはこの h が mono であることを示せばよい．そのために，上図のように $D \underset{k_2}{\overset{k_1}{\rightrightarrows}} P$ なる矢 k_1, k_2 を考え，しかも $h \circ k_1 = h \circ k_2$ と仮定する．その上でさらに，$r_1 = g' \circ k_1 : D \to A$ と $r_2 = f' \circ k_2 : D \to B$ なる矢，および $s_1 = g' \circ k_2 : D \to A$ と $s_2 = f' \circ k_1 : D \to B$ なる矢を考える．

すると，$f \circ r_1 = g \circ r_2$ であり，p.b. の定義により，k_1 は r_1, r_2 で一意的に存在する矢となる．また $f \circ s_1 = g \circ s_2$ であり，同様に p.b. の定義により，k_2 も s_1, s_2 で一意的に存在する矢となる．

しかし一方で，$h \circ k_1 = h \circ k_2$ としていることから，次の (1), (2) が成立する．

(1)　$r_1 = g' \circ k_1 = \pi_1 \circ h \circ k_1 = \pi_1 \circ h \circ k_2 = g' \circ k_2 = s_1$．

(2)　$r_2 = f' \circ k_2 = \pi_2 \circ h \circ k_2 = \pi_2 \circ h \circ k_1 = f' \circ k_1 = s_2$．

よって k_1 の r_1, r_2 での一意性および k_2 の s_1, s_2 での一意性と，この (1), (2) により，$k_1 = k_2$ を得る（下図を参照）．

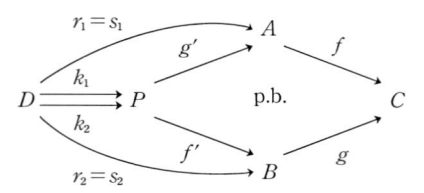

$$D \underset{k_2}{\overset{k_1}{\rightrightarrows}} P$$
（図：$r_1 = s_1 : D \to A$, $r_2 = s_2 : D \to B$, $g': P \to A$, $f': P \to B$, $f: A \to C$, $g: B \to C$, 中央に p.b.）

□

Π_f の存在と $f^* \dashv \Pi_f$ の証明

以上で一応準備が整ったので，いよいよこの章の目的である §3.4 の定理 1 の一般的な仕方での証明を与えよう．なお念のために，この定理を改めてこの§の定理 2 として再録し，その上で証明を与えることにする．

定理 2 (i.e. §3.4 の定理 1)　$\mathbb{E}$ をトポスとし，A，B を各々 $\mathbb{E}$ の任意の対象とし，$f: A \to B$ を $\mathbb{E}$ の矢とする．このとき，$f: A \to B$ に対応して，$f^* \dashv \Pi_f$ をみたす $\Pi_f: \mathbb{E}{\downarrow}A \to \mathbb{E}{\downarrow}B$ なる関手 Π_f が存在する．

証明　(1)　Π_f の存在について．まずはじめに，$f: A \to B$ が与えられているとして，下図を p.b. にする一意的な矢 k を考える．ここで下図を p.b. にする η_A や $\tilde{A}$ および一意的な矢 k の存在は，まさに前§の「partial arrow classifier の存在定理」によって保証されている．

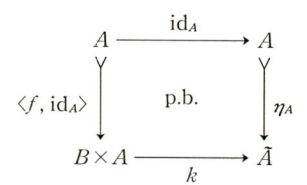

$$\begin{array}{ccc} A & \xrightarrow{\mathrm{id}_A} & A \\ {\scriptstyle \langle f, \mathrm{id}_A \rangle} \downarrow & \text{p.b.} & \downarrow {\scriptstyle \eta_A} \\ B \times A & \xrightarrow{k} & \tilde{A} \end{array}$$

つづいてこの $k: B \times A \to \tilde{A}$ に対応する transpose $\hat{k}: B \to \tilde{A}^A$ を考える．その上で，関手 $\Pi_f: \mathbb{E}{\downarrow}A \to \mathbb{E}{\downarrow}B$ を以下のように定義する．すなわち $\mathbb{E}$ の任意の矢 $g: C \to A$ および対象 C に対する $\Pi_f(g)$，$\Pi_f(C)$ を，下図を p.b. とするものとして定義する．

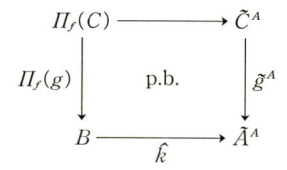

$$\begin{array}{ccc} \Pi_f(C) & \longrightarrow & \tilde{C}^A \\ {\scriptstyle \Pi_f(g)} \downarrow & \text{p.b.} & \downarrow {\scriptstyle \tilde{g}^A} \\ B & \xrightarrow{\hat{k}} & \tilde{A}^A \end{array}$$

ただしここで，$\tilde{g}$ は下図を p.b. とする一意的な矢であり，また $\tilde{g}^A$ は，この $\tilde{g}$ に関手 $(\ )^A: \mathbb{E} \to \mathbb{E}$ を適用したものである．

$$\begin{array}{ccc} C & \xrightarrow{\eta_C} & \tilde{C} \\ {\scriptstyle g}\downarrow & \text{p.b.} & \downarrow{\scriptstyle \tilde{g}} \\ A & \longrightarrow & \tilde{A} \end{array}$$

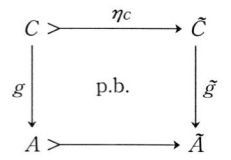

以上が関手 Π_f の定義であるが,そこで使用される矢や対象はいずれもトポス $\mathbb{E}$ で存在するものであることから,上の Π_f の定義はトポスでの Π_f の存在証明となっている.

(2) $f^* \dashv \Pi_f$ について.$f^* \dashv \Pi_f$ の成立を示すに当って,予め問題となっている状況の図を提示しておく.

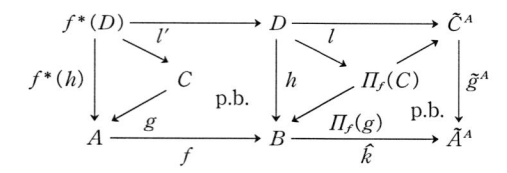

$$\begin{array}{ccccc} f^*(D) \xrightarrow{l'} & & D \xrightarrow{l} & & \tilde{C}^A \\ {\scriptstyle f^*(h)}\downarrow \searrow C & & {\scriptstyle h}\downarrow \searrow \Pi_f(C) & & \downarrow{\scriptstyle \tilde{g}^A} \\ & \text{p.b.} & & \text{p.b.} & \\ A \xrightarrow{g} & & B & & \tilde{A}^A \\ & \xrightarrow{f} & & \xrightarrow{\hat{k}} & \end{array}$$

その上で,$f^* \dashv \Pi_f$ を示すために,図中の $l : D \to \Pi_f(C)$,$l' : f^*(D) \to C$ なる矢 l と l' とが,一意的に対応することを確認していく.すなわち以下のように,一意的な対応が各々成立することを,順次みていく.

まず,$D \xrightarrow{l} \Pi_f(C)$ とすると,$\Pi_f(C)$ の定義の図が p.b. であることから,この l に $D \to \tilde{C}^A$ が一意的に対応してくる.すると巾の定義により,$D \to \tilde{C}^A$ をその transpose としている矢 $D \times A \to \tilde{C}$ が一意的に対応してくる.さらにこれには,前 § の「partial arrow classifier の存在定理」により下図のように,$D \times A \rightharpoonup C$ が一意的に対応してくる.

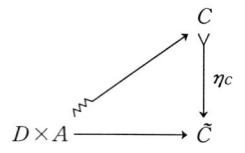

$$\begin{array}{c} C \\ \downarrow{\scriptstyle \eta_C} \\ D \times A \longrightarrow \tilde{C} \end{array}$$

するとこの § の先の定理 1 により,$A \xrightarrow{f} B \xleftarrow{h} D$ の p.b. である $f^*(D)$ については,$f^*(D) \rightarrowtail D \times A$ なる mono が一意的に存在してくる.

§4.3† Π_fの存在と $f^* \dashv \Pi_f$

そしてこれには，下図のように，$f^*(D) \xrightarrow{l'} C$ が一意的に対応してくることが分かる．

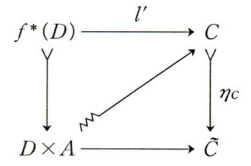

$$\begin{array}{ccc} f^*(D) & \xrightarrow{l'} & C \\ \downarrow & \searrow & \downarrow \eta_C \\ D \times A & \longrightarrow & \tilde{C} \end{array}$$

以上により，$D \xrightarrow{l} \Pi_f(C)$ には，$f^*(D) \xrightarrow{l'} C$ が一意的に対応していることが明らかとなった．またこの過程は逆にもたどることができる．よって，l と l' との間には次の関係が成立する．

$$f^*(D) \xrightarrow{l'} C \iff D \xrightarrow{l} \Pi_f(C).$$

すなわち $f^* \dashv \Pi_f$ の成立が示された． □

注意 1) Π_f の定義に現われる $\tilde{C}^A$ は，内容的には，§3.4 の場合での局所的な section の集合に相当するものとなっている．

2) 上の (2) での一意的な対応関係の確認過程を，念のためにまとめておく．

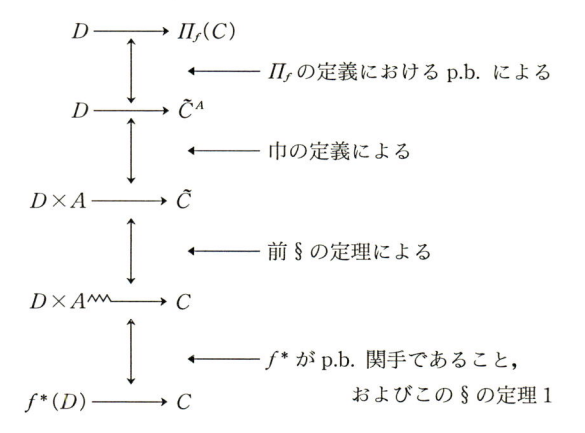

$$\begin{array}{rcl} D & \longrightarrow & \Pi_f(C) \\ \updownarrow & & \text{\textemdash}\ \Pi_f\text{の定義における p.b. による} \\ D & \longrightarrow & \tilde{C}^A \\ \updownarrow & & \text{\textemdash}\ \text{巾の定義による} \\ D \times A & \longrightarrow & \tilde{C} \\ \updownarrow & & \text{\textemdash}\ \text{前§の定理による} \\ D \times A & \rightsquigarrow & C \\ \updownarrow & & \text{\textemdash}\ f^* \text{ が p.b. 関手であること，} \\ f^*(D) & \longrightarrow & C \quad\text{およびこの§の定理 1} \end{array}$$

定理2 (i.e. §3.4 の定理1) を一般的な仕方で証明したいま，第3章で課題として残されていた事柄が，ここに解決をみたといえる．そしてこのこ

とは，第3章の内容と合せるとき，この著書でとくに注目している「トポスの基本定理」についての解説が，ここにおいて完全に終了したことになる．

　ところでそもそもこの著書でこの基本定理をとくに注目した理由の一つは，〈序〉において触れておいたように，知識論的にみてこの定理が大変興味深い内容を示唆していると考えられるからであった．そこで「トポスの基本定理」の解説が終了したいま，まさにこの点に言及すべきかもしれない．しかしこの点については，後ほど〈結び〉において取り上げることにして，この第4章はここで閉じることにする．

第5章　リミット，空間性トポス，限量記号

　この第5章では，圏やトポスに関する事柄の中から，さらなる学びのために是非必要となる事項を三つほど選び，各々独立した形で取り上げる．またこれらの事項は，圏やトポスについていままで言及してきた内容への理解を一層深める上でも参考になると思われる．しかしいずれも，この著書の大きな流れや背後にある問題意識とは直接結びつくものではない．したがってこれまた三つとも，差し当りは飛ばしてしまうことも可能である．実際，圏やトポスについて，多少余裕ができたとき，改めて目を通されるのもよいかもしれない．

　はじめの§5.1では，圏において頻出する基本的な状況を表わしていた終対象，積，equalizer などの第2章に登場した基礎概念が，より抽象的な視点からは，いづれもリミットやコリミットとして捉えられることを，その内容としている．また§5.2では，いままで触れることのなかった位相性について，I 上バンドルの圏 Bn(I) に位相性を加味した空間性トポス Top(I) を例に，とくにその subobject classifier Ω に焦点を合せて眺めてみる．このことによって，トポス論理の奥深さの一端を垣間見ることができる．

　最後の§5.3では，通常のレベルの論理においては必ず登場する限量記号 $\exists$，$\forall$ について，それらが圏論的にはどのように捉えられるかをみてみる．その上でこれら $\exists$，$\forall$ の論理における基本性が，「トポスの基本定理」とも深く係わっていることに注目してみる．

§5.1　リミットとコリミット

リミットとコリミット

　第2章において，終対象，積，equalizer，p.b. など，圏に関しての基礎概念を定義した．これらは各々，圏の世界に出現する可能性のある基本的な状況を表わす基礎概念であるが，その定義の仕方にはある共通した形が見出せる．そこでこの点に注目し，それをよりはっきりさせた事柄として，圏ではリミットとその双対であるコリミットと呼ばれる事項が，改めて定義されてくる．しかしその定義に際しては，それに先立って部分圏，コーンおよびその双対であるココーンの定義が予め必要となる．

　定義（部分圏）
　$\mathbb{C}$を圏とし，$\mathbb{C}$の対象と矢からなる集合$\mathbb{D}$が，次の(1)〜(3)をみたすとき，$\mathbb{D}$は$\mathbb{C}$の「部分圏」(diagram) と呼ばれる．
　(1)　$\mathbb{D}$の矢 d_{ij} が $d_{ij}: D_i \to D_j$ なら，D_i, D_j は各々$\mathbb{D}$の対象である．
　(2)　D_i が$\mathbb{D}$の対象なら，$\mathrm{id}_{D_i}: D_i \to D_i$ は$\mathbb{D}$の矢 (i.e. 同一矢) である．
　(3)　f, g が$\mathbb{D}$の矢のとき，$g \circ f$ が$\mathbb{C}$で定義されているなら，$g \circ f$ は$\mathbb{D}$の矢である．　□

　定義（コーン）
　$\mathbb{C}$を圏とし，$\mathbb{D}$を$\mathbb{C}$の部分圏とする．その上で，$\mathbb{C}$の対象 X と$\mathbb{D}$の各対象 D_i ($i \in I$) について，$f_i: X \to D_i$ が定まっており，かつ$\mathbb{D}$中の任意の矢 $d_{ij}: D_i \to D_j$ について下図が可換なとき，対象 X と $\{f_i \mid f_i: X \to D_i, i \in I\}$ なる矢の集合は，$\mathbb{D}$への「コーン」(cone) と呼ばれる．

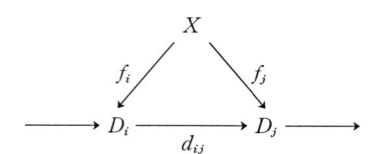

$$\begin{array}{c} & X & \\ f_i \swarrow & & \searrow f_j \\ \longrightarrow D_i & \xrightarrow{d_{ij}} & D_j \longrightarrow \end{array}$$

　□

§5.1 リミットとコリミット

定義（ココーン）

$\mathbb{C}$を圏とし，$\mathbb{D}$を$\mathbb{C}$の部分圏とする．その上で，$\mathbb{C}$の対象Xと$\mathbb{D}$の各対象D_i ($i \in I$) について，$f_i : D_i \to X$ が定まっており，かつ$\mathbb{D}$中の任意の矢 $d_{ij} : D_i \to D_j$ について下図が可換なとき，対象Xと $\{f_i \mid f_i : D_i \to X, i \in I\}$ なる矢の集合は，$\mathbb{D}$への「ココーン」(cocone) と呼ばれる．

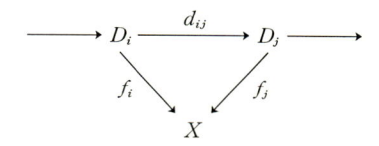

$$\xymatrix{ \cdots \ar[r] & D_i \ar[r]^{d_{ij}} \ar[dr]_{f_i} & D_j \ar[r] \ar[d]^{f_j} & \cdots \\ & & X & }$$

□

次に，以上のコーン，ココーンの定義を踏まえて，リミット，コリミットの定義を与える．

定義（リミット）

$\mathbb{C}$を圏とし，$\mathbb{D}$を$\mathbb{C}$の部分圏とする．またXと $\{f_i \mid f_i : X \to D_i, i \in I\}$ を$\mathbb{D}$へのコーンとする．その上で，Y と $\{g_i \mid g_i : Y \to D_i, i \in I\}$ なる$\mathbb{D}$への任意のコーンについて，ある矢 $h : Y \to X$ が一意的に存在して，下図が可換となるとき，X と $\{f_i \mid f_i : X \to D_i, i \in I\}$ なる$\mathbb{D}$へのコーンは，$\mathbb{D}$の「リミット」(limit) と呼ばれ，記号 $\varprojlim \mathbb{D}$ で表わされる．

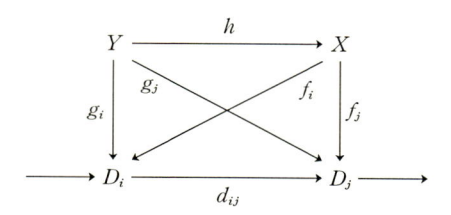

$$\xymatrix{ Y \ar[r]^{h} \ar[d]_{g_i} \ar[dr]^{g_j} & X \ar[d]^{f_j} \ar[dl]_{f_i} \\ D_i \ar[r]_{d_{ij}} & D_j }$$

□

定義（コリミット）

$\mathbb{C}$を圏とし，$\mathbb{D}$を$\mathbb{C}$の部分圏とする．また X と $\{f_i \mid f_i : D_i \to X, i \in I\}$ を$\mathbb{D}$へのココーンとする．その上で，Y と $\{g_i \mid g_i : D_i \to Y, i \in I\}$ なる

$\mathbb{D}$ への任意のココーンについて，ある矢 $h: X \to Y$ が一意的に存在して，下図が可換となるとき，X と $\{f_i \mid f_i: D_i \to X,\ i \in I\}$ なる $\mathbb{D}$ へのココーンは，$\mathbb{D}$ の「コリミット」(colimit) と呼ばれ，記号 $\varinjlim \mathbb{D}$ で表わされる．

$$\begin{array}{ccc} \longrightarrow D_i & \xrightarrow{d_{i,j}} & D_j \longrightarrow \\ {}_{f_i}\Big\downarrow {}^{g_i}\searrow & {}^{f_j}\swarrow {}_{g_j} & \Big\downarrow \\ X & \xrightarrow{h} & Y \end{array}$$

□

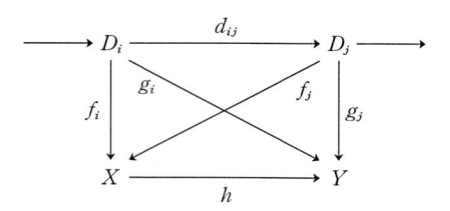

注意 リミットはまた「射影的極限」(projective limit)，コリミットは「帰納的極限」(inductive limit) と呼ばれることもある．

上のリミットの定義では，X を中心とした $\mathbb{D}$ へのコーンがリミットであることを，同じ条件をみたす任意の Y を中心としたコーンの究極状況と捉え，さらにその究極であることを，Y から X への一意的な矢の存在として捉えたものとなっている．コリミットについても，同様のことがいえる．

リミットの例

上でリミットとコリミットの定義をみてみたが，この§の冒頭で予告したように，終対象や積などは明らかにリミットの例になっている．またそれらの双対である始対象や直和などは，コリミットの例であることも明らかである．しかし念のため以下において，積，equalizer，終対象 1 について，各々がリミットの例となっていることを確認しておこう．

例 1（積の場合） 積とは，π_1 と π_2 を伴った $A \times B$ で，下図を可換とする矢 h が一意的に存在することであった．

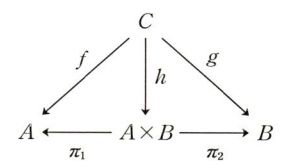

§5.1 リミットとコリミット

```
        C
    f ↙ ↓h ↘ g
    A ←── A×B ──→ B
       π₁      π₂
```

するとこの状況は，A, B を部分圏 $\mathbb{D}$ として，X に相当する $A \times B$ と $\{\pi_1, \pi_2\}$ とが $\mathbb{D}$ へのコーンとなっており，またこのコーンに向って，Y に相当する C と $\{f, g\}$ とからなる $\mathbb{D}$ への任意のコーンからの矢 h が一意的に存在している状況となっている．すなわちこの状況は，X (i.e. $A \times B$) と $\{\pi_1, \pi_2\}$ からなるコーンが，$\mathbb{D}$ (i.e. $\{A, B\}$) のリミットとなっている状況に他ならない．$A \times B$ と $\{\pi_1, \pi_2\}$ からなる積は，まさにリミットの例となっている．

例2（equalizer の場合） equalizer とは，e を伴った C で，下図を可換とする矢 h が一意的に存在することであった．

```
    C ──e──→ A ──f──⇒ B
    ↑     ↗        g
    h   k
    D
```

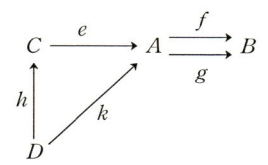

するとこの状況は，$A \underset{g}{\overset{f}{\rightrightarrows}} B$ を部分圏 $\mathbb{D}$ として，X に相当する C と $\{e\}$ とが $\mathbb{D}$ へのコーンとなっており，またこのコーンに向って，Y に相当する D と $\{k\}$ とからなる $\mathbb{D}$ への任意のコーンからの矢 h が一意的に存在している状況となっている．すなわちこの状況は，X (i.e. C) と $\{e\}$ からなるコーンが，$\mathbb{D}$ (i.e. $\{A, B, f, g\}$) のリミットとなっている状況に他ならない．C と $\{e\}$ からなる equalizer は，まさにリミットの例となっている．

例3（終対象1の場合） 終対象1とは，任意の対象 A について，$A \to 1$ なる矢 $!_A$ が一意的に存在することであった．するとこの状況は，いかなる対象もいかなる矢ももたない圏を部分圏 $\mathbb{D}$ として，X に相当する1がこのような $\mathbb{D}$ へのコーンとなっており，またこのコーンに向って，Y に相当す

る A からなる $\mathbb{D}$ への任意のコーンからの矢 h に相当する $!_A$ が一意的に存在している状況となっている．すなわちこの状況は，X (i.e. 1) なるコーンが，$\mathbb{D}$ (i.e. $\{\ \}$) のリミットなっている状況に他ならない．終対象 1 は，まさにリミットの例となっている．

随伴関手の保存定理

リミットおよびコリミットに関連した事柄としては，関手がこれらをどのように保存するかについてのいわゆる「随伴関手の保存定理」が基本的である．そこでこの§の最後に，この定理を提示し，またその証明の概略を添えておく．

定理（随伴関手の保存定理） $\mathbb{B}$, $\mathbb{C}$ を各々圏として，次の (1), (2) が成立する．

(1) 関手 $F: \mathbb{B} \to \mathbb{C}$ について，ある関手 $G: \mathbb{C} \to \mathbb{B}$ が存在して，$F \dashv G$ であるとき，関手 F は $\mathbb{B}$ のコリミットを保存する．(i.e. F が左-随伴関手であるとき，$F(\varinjlim \mathbb{D}) = \varinjlim F(\mathbb{D})$ である．ただし $\mathbb{D}$ は $\mathbb{B}$ の部分圏とする．)

(2) 関手 $G: \mathbb{C} \to \mathbb{B}$ について，ある関手 $F: \mathbb{B} \to \mathbb{C}$ が存在して，$F \dashv G$ であるとき，関手 G は $\mathbb{C}$ のリミットを保存する．(i.e. G が右-随伴関手であるとき，$G(\varprojlim \mathbb{D}) = \varprojlim G(\mathbb{D})$ である．ただし $\mathbb{D}$ は $\mathbb{C}$ の部分圏とする．)

証明 (1) について．その概略を記しておく．そのために，(1) に関係する状況全体をまず下に図示する．

§5.1 リミットとコリミット

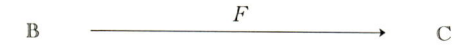

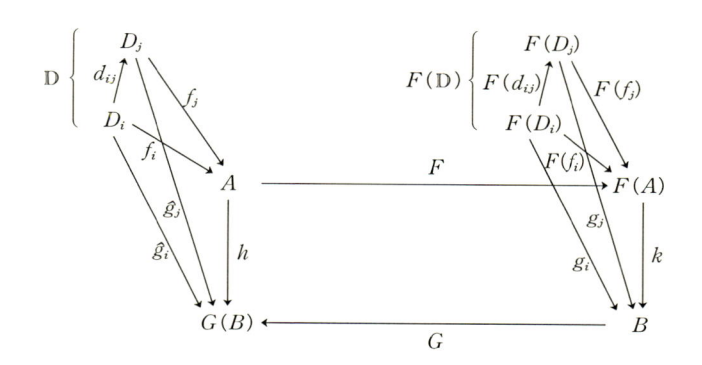

さて次に(1)を示すには，この図において，$F(A)$ が $F(\mathbf{D})$ のコリミットとなることをいえばよい．そしてそのためには，コリミットの定義から，$k: F(A) \to B$ なる矢が一意的に存在することを示せばよい．しかしその存在は，A が $\mathbf{B}$ でのコリミットであることから，同じく定義により一意的に存在する矢 $h: A \to G(B)$ に注目し，$F \dashv G$ ゆえにその h に対応してくる h の transpose $\hat{h}$ を k と考えることにより，明らかとなる．また一意性も，h 自身の一意性と transpose であることの一意性によって，明らかとなる．

(2)について．(1)と同様の考え方で示せる．略． □

この定理は種々の場面で使用される．ここではごく身近な例として，通常の論理に登場する分配法則 $A \wedge (B \vee C) \equiv (A \wedge B) \vee (A \wedge C)$ の圏論的な理解に利用できることを，少しみておこう．まず論理の世界は，命題各々を対象とし，またそれらの間の推論関係を矢とする一つの圏 $\mathbf{L}$ である，と考えられる．すると論理では $B \vee C$ が，$B \to B \vee C$ かつ $C \to B \vee C$，さらに $B \to D, C \to D \Rightarrow B \vee C \to D$ をみたすものとして定義されることから，$B \vee C$ は $\mathbf{L}$ では下図により $\mathbf{L}$ の部分圏 $\{B, C\}$ のコリミットとみなすことができる．

```
        B           C
         ↓ ╲     ╱  ↓
          ╲ ╲ ╱ ╱
           ╳ ╳
          ╱ ╱ ╲ ╲
         ↓ ╱     ╲ ↓
       B∨C ─────────→ D
```

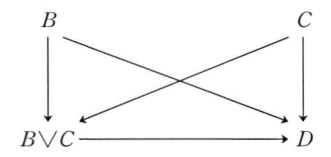

一方 $A\wedge$ は，論理では $A\wedge C \to B \iff C \to A\supset B$ が成立していることから，$A\wedge : L \to L$ なる左-随伴関手と考えることができる（i.e. $A\wedge \dashv A\supset$）．よって，この状況に上の定理の (1) を適用すれば，上記の分配法則が得られることが，自然に納得できてくる．

§5.2　空間性トポス Top(I)

Top(I) の定義

高階論理に非ブール的な要素（i.e. 様相や内包あるいは直観主義論理など）を付与することや，それらに対応することにもなるトポスに位相的な要素を付与することには，いままで主題的に触れることは全くなかった．それは，高階論理にせよ，トポスにせよ，何よりもその考え方の大きな枠組への理解を優先させたことによる．しかし実は，非ブール的な要素をも加味した高階論理や位相性をも考え合せたトポスこそ，各々文字どおり表現力豊かな論理となってくる．そこでこの§では，§3.1 で取り上げたトポス Bn(I) に位相性をも考え合せたいわゆる空間性トポス Top(I) に注目し，少々その様子をみてみることにする．さっそくその定義からはじめよう．

定義（空間性トポス Top(I)）

I 上バンドルの圏 Bn(I) の I を位相空間とし，またその I 上バンドル $\langle A, f \rangle$，$\langle B, g \rangle$，… 各々のストーク・スペース A，B，… 各々も位相空間とし，また写像 $f : A \to I$，$g : B \to I$，… 各々を局所同相写像とし，さらにまた I 上バンドル $\langle A, f \rangle$，$\langle B, g \rangle$，… 間の矢となる写像 $h : A \to B$，…

§5.2 空間性トポス Top(I)

各々を連続写像とした圏は，「空間性トポス」(spatial topos) と呼ばれ，記号 Top(I) で表わされる． □

 注意 1) Top(I) なる圏は，上の定義で明らかなように，圏 Bn(I) とその大枠は同じである．なお，Top(I) での I 上バンドル $\langle A, f \rangle$, $\langle B, g \rangle$, … の各々は，「I 上の層」(sheaf over I) と呼ばれ，Top(I) は「I 上の層の圏」(category of sheaves over I) と呼ばれることもある．
 2) 念のため，上の定義に登場する位相関係の事柄について，その定義を簡単に添えておく．まず位相空間 X とは，そこに開集合が定義されている集合のことである．すなわち $\langle X, \mathbf{O}(X) \rangle$（ただし $\mathbf{O}(X)$ は X の開集合の集合とする）である．また位相空間 X，Y 間の写像 $f : X \to Y$ が同相写像であるとは，f が単射でありかつ連続となっていることである．さらにまた $f : X \to Y$ が局所同相であるとは，X の任意の要素 x について，$y = f(x)$ であるとして，$x \in U$ なる開集合と $y \in V$ なる開集合が存在して，$f \restriction U : U \to V$ となり，しかもこの $f \restriction U$ が同相写像となることをいう（ただし $f \restriction U$ は f の定義域が U に制限されていることを表わす）．いずれの定義も，よく知られている通常どおりの定義である．

以上圏 Top(I) の定義を与えたが，その名称から予想されるように，それがトポスとなることは，圏 Bn(I) の場合と同様である．すなわち圏 Top(I) には，終対象 1，積，巾，subobject classifier Ω の各々が存在することを示すことができる．しかし以下では，トポス Top(I) の特徴の一端が窺える subobject classifier Ω にのみ焦点を合せてみることにする．

Top(I) の Ω（その１）

まず位相空間 I の開集合 U，V 間の関係 $\simeq_i$ を定義しよう．

 定義（$\simeq_i$）
 $\mathbf{O}(I)$ を I の開集合族（i.e. 開集合の集合）とし，$U, V \in \mathbf{O}(I)$ とする．また $i \in I$ とする．
 $U \simeq_i V \underset{\mathrm{df}}{\Longleftrightarrow}$ ある $W \in \mathbf{O}(I)$ が存在して，$i \in W$ であり，かつ $U \cap$

$W = V \cap W$ である. □

注意 1) $U \simeq_i V$ は,U における i に近いような要素の集合と V における i に近いような要素の集合とが同じである,ことを表わしている.すなわち i に近いところでは U と V とは同一とみなせる,あるいは i の周囲では U と V とは局所的に同一である,ことを表わしている.

2) 上の 1) で記した意味内容を踏まえて,$U \simeq_i V$ は,「i では $U = V$ は局所的に真(locally true)である」とも呼ばれることがある.

次に,この関係 $\simeq_i$ を使って $[U]_i$ を,またこの $[U]_i$ を使って i 上のストーク Ω_i を,さらに Ω_i の合併としてストーク・スペース $\hat{I}$ を定義する.

定義($[U]_i$)

$[U]_i \underset{\mathrm{df}}{=} \{ V \mid U \simeq_i V \}$. □

注意 1) $U \simeq_i V$ は同値関係であり,したがって $[U]_i$ は一つの同値類となっている.

2) $[U]_i$ は,「i における U のジャーム」と呼ばれることがある.

定義(Ω_i と $\hat{I}$)

(1) $\Omega_i \underset{\mathrm{df}}{=} \{ \langle i, [U]_i \rangle \mid i \in I \text{ かつ } U \in \mathsf{O}(I) \}$.

(2) $\hat{I} \underset{\mathrm{df}}{=} \cup \Omega_i$.

なお,Ω_i は「i 上のストーク」と呼ばれ,$\hat{I}$ は「(I 上の)ストーク・スペース」と呼ばれる. □

注意 1) $\hat{I}$ の上部にある記号 $\hat{}$ は,すでにしばしば登場した transpose を表わす記号と同じものであるが,もとよりここではそれとは全く異なる意味を表わす記号として使っている.

2) ストーク・スペース $\hat{I}$ は,$\hat{I}$ の要素 $\langle i, [U]_i \rangle$ の近傍として,$\{\langle i, [U]_i \rangle \mid i \in V$ かつ $V \in \mathsf{O}(I)$ かつ $U \subseteq V\}$ なる形の集合を考えることによって,位相空間となる.

§5.2 空間性トポス Top(I)

さて以上の準備のもとで，空間性トポス Top(I) の subobject classifier Ω を，次のように定義する．

定義（Ω）
$\Omega \underset{\mathrm{df}}{=} \langle \hat{I}, p \rangle$.
ただし p は，$p: \hat{I} \to I$ であり，Ω_i の要素（i.e. $\langle i, [U]_i \rangle$）に対して i（$\in I$）を対応させる写像である． □

注意 上の p は局所同相写像となっている．

なお念のために，Ω のイメージ図を添えておく（図 5.1）．

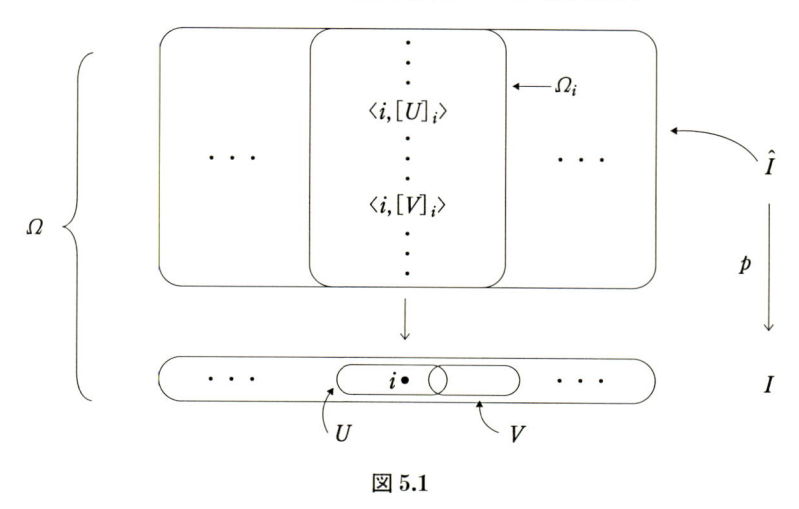

図 5.1

Top(I) の Ω（その 2）

上の Top(I) の Ω の定義を踏まえて，Ω に伴う真なる矢 $\top: 1 \to \Omega$ が，どのようなものになるかをみてみる．そのためまず，Ω の要素（i.e. 真理値）である下図のような矢 $s: 1 \to \Omega$ に注目してみる．

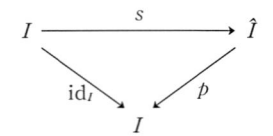

$$I \xrightarrow{s} \hat{I}$$
$$\text{id}_I \searrow \swarrow p$$
$$I$$

注意 1) 上図での $\text{id}_I : I \to I$ が，$\text{Top}(I)$ の終対象 1 である．正確には，$\langle I, \text{id}_I \rangle$ が $\text{Top}(I)$ の終対象 1 である．

2) 上図の s は，大域的な section となっており，またストーク・スペース間の写像は連続でもあることから，s は連続でもある．

ところで実際この真理値 $s: 1 \to \Omega$ に注目してみると，通常の集合における部分集合とその特性関数との間の対応関係と同様に，連続で大域的な section $s: I \to \hat{I}$ でもあるこの真理値 s と I の開部分集合との間にも，一対一の対応関係があることが明らかとなる．そこで以下その対応関係を確認しておく．

そのために予め，i における開集合のジャーム $[U]_i$ について，$O_i = \{U \mid i \in U$ かつ $U \in O(I)\}$ とするとき，次の (1)〜(3) が成立することに注意する．

(1) $[I]_i = O_i$．

(2) $[U]_i = [I]_i \iff i \in U$．

(3) $[U]_i = [\phi]_i \iff i$ は U から分離している (i.e. $U \cap V = \phi$ となる $V \in O_i$ が存在する)．

その上ではじめに，I の開部分集合として U が与えられたとする．するとこの U に対応して，$i \in U \iff s_U(i) = \langle i, [U]_i \rangle$ をみたすものとして U を使った連続で大域的な section $s_U: I \to \hat{I}$ が直ちに考えられてくる．つづいて逆に，連続で大域的な section $s: I \to \hat{I}$ が与えられたとする．するとこの s に対応して，$U = \{i \mid s(i) = \langle i, [I]_i \rangle\}$ なるものとして s を使った I の開部分集合が考えられてくる．

ここでさらに，s から得られた上の開部分集合 U が与えられたとして，それに対応する s_U を考えてみる．するとこの U については，$i \in U \iff s$

§5.2 空間性トポス Top(I)

$(i)=\langle i,[I]_i\rangle$ であり，先の(2)を考え合せるとき，$i\in U \iff s(i)=\langle i,[I]_i\rangle=\langle i,[U]_i\rangle=s_U(i)$ となってくる．すなわち $s=s_U$ が成立する．

結局いまや，section s から得られる開部分集合 U のいわば特性関数に相当する section s_U が s 自身であることが示されたわけである．それゆえここに，連続で大域的な section $s:I\to \hat{I}$ (i.e. Top(I) の真理値 $s:1\to\Omega$) と I の開部分集合との間に一対一の対応関係があることが，確認され明らかとなった．

以上，Top(I) の Ω の要素である真理値 $s:1\to\Omega$ がいかなるものかをみてみたが，ここからはじめに問題とした Ω に伴う真なる矢 $\top:1\to\Omega$ が，どのようなものであるかも自ずと明らかとなってくる．すなわち Top(I) における矢 $\top:1\to\Omega$ は，すべての $i\in I$ について，$\top(i)=\langle i,[I]_i\rangle$ であるような連続で大域的な section $\top:I\to\hat{I}$ であることが，明らかとなってくる．

Top(I) の Ω （その3）

Ω に伴うもう一つの矢である character について，Top(I) の Ω の場合，それがどのようなものになるかをみてみよう．すなわち下図（左）のような mono なる矢 $h:A\rightarrowtail B$ で，しかも A が B の開部分集合であるとき，下図（右）のようなその character $\chi_h:\langle B,g\rangle \to \langle\hat{I},p\rangle\ (=\Omega)$ がどのようなものであるかをみてみる．

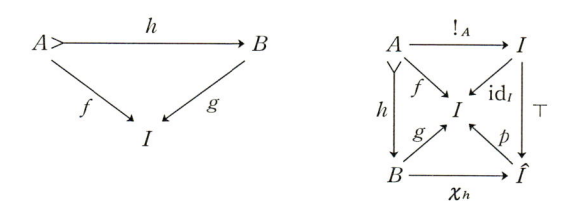

しかしそれは，次のようなものと考えられる．すなわち，$x\in B$ として $x\in U$ なる開集合を選び，$g:B\to I$ を局所同相写像とするとき，character $\chi_h:B\to\hat{I}$ は，$x(\in B)$ に対して，$g(x)$ と $g(x)$ における $g(A\cap U)$ の

ジャーム $[g(A\cap U)]_{g(x)}$ との対 $\langle g(x), [g(A\cap U)]_{g(x)}\rangle$ (i.e. $g(x)$ 上のストーク $\Omega_{g(x)}$ の要素) を対応づける写像と考えられてくる (i.e. $\chi_h(x) = \langle g(x), [g(A\cap U)]_{g(x)}\rangle (\in \Omega_{g(x)}))$.

なお念のために，この辺の状況のイメージ図を添えておく（図5.2）．

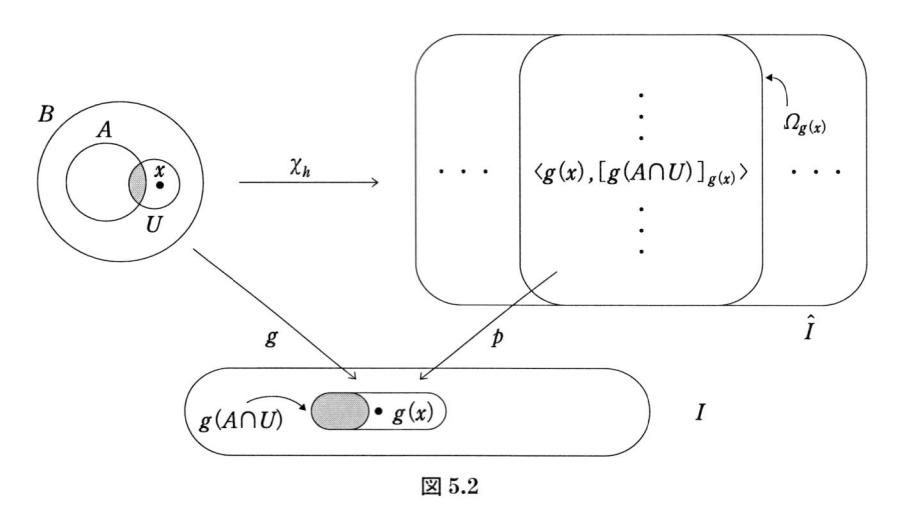

図 5.2

ところで Top(I) の Ω に伴う character χ_h の性格をもう少しみてみよう．そのために $g(x)$ 上のストーク $\Omega_{g(x)}$ 上に，次のような半順序 $\leq$ を定義する．

定義（$\Omega_{g(x)}$ 上の半順序 $\leq$）
$\langle g(x), [U]_{g(x)}\rangle \leq \langle g(x), [V]_{g(x)}\rangle$ (i.e. $[U]_{g(x)} \leq [V]_{g(x)}$) $\underset{\mathrm{df}}{\Longleftrightarrow}$ ある $W \in \mathbf{O}(I)$ が存在して，$g(x) \in W$ かつ $U \cap W \subseteq V \cap W$ である． □

するとこの半順序 $\leq$ において，$g(x)$ における $g(A\cap U)$ のジャームが大きければ大きいほど，x は A に近いことが表わされてくる．実際次の(1)～(3)が成立する．

(1) $x \in A$ のとき，$g(x) \in g(A\cap U)$ であり，先の(2)より，$[g(A\cap U)]_{g(x)} = [I]_{g(x)}$ である．

(2) x が A より分離しているとき，先の(3)により，$[g(A\cap U)]_{g(x)} =$

$[\phi]_{g(x)}$ である．

(3) x が A の境界（i.e. $\bar{A}-A$，ただし‐は閉包）上にあるとき，$[\phi]_{g(x)}$ $\leq [g(A\cap U)]_{g(x)} \leq [I]_{g(x)}$ である．

するとここより，$\mathrm{Top}(I)$ の Ω の character χ_h は，$x \in B$ が $x \in A$ であるか $x \notin A$ であるかだけでなく，$x \in \bar{A}-A$ であるかをも区別するような仕方での character となっているといえる．

以上 $\mathrm{Top}(I)$ の Ω について，（その１）〜（その３）で眺めてきたが，最後にもうひとこと添えておく．それは，すでに（その２）において触れたように，Ω の要素となる真理値 $s:1\to\Omega$ に I の開部分集合が対応していることから，$\mathrm{Top}(I)$ の Ω がハイティング Heyting 代数の構造をもっている，ということである．というのも，広く知られているように，一般に位相空間の開集合族は，$\subseteq$ を半順序として擬似ブール代数（i.e. ハイティング代数）となっているからである．第２章での Ω はもっぱらブール代数的構造をもつ Ω を念頭に置いていたが，$\mathrm{Top}(I)$ のように位相性を付与して考えるときに，直観主義論理でもあるハイティング代数的構造をもつ Ω やそうした Ω をもつトポスが登場してくるわけである．なお§3.1 の $\mathrm{Bn}(I)$ なるトポスの Ω は，ブール代数的構造であって，もとよりそこにはハイティング代数的構造は現われてこない．

§5.3† 限量記号 ∃，∀ について

この§のテーマ

一階の述語論理であれ各種の高階論理であれ，実際にそれらが使用される場面では，限量記号∃，∀は各々欠かせない基本記号の一つとされている．これは，これらの論理の表層レベルでの直接の母体となっている自然言語において，∃，∀各々に対応する「存在」，「すべて」の各々が，欠かせない基本的な語彙となっていることから当然ともいえる．しかし∃，∀は，第１章

のɿ-h.o.l. でみたように，より基底的なレベルでは＝とɿ記号によって捉えられること，またさらにトポスにおいて，この＝やɿ表現の対応物が見出されることなどから予想されるように，理論的には∃，∀は，そのままで直ちに基本的なものとは位置づけられない．そこでこの§では∃，∀の基本性を，「存在」や「すべて」といった語彙の自然言語における基本性から了解するのとは全く異なった立場から，すなわち圏論的な立場から，∃，∀各々についてその基本性の理解を深めていくことにする．というのも，一階の述語論理であれ種々の高階論理であれそれらは，基底的なレベルにおいてトポス構造に根差しており，しかも∃，∀の基本性に通ずる事柄として，改めて「トポスの基本定理」が注目されるからである．以下，差し当り一階の述語論理の場合を念頭に置きながら，その辺の事情を順次みていこう．

∃，∀について（その1）

論理での∃，∀は，通常各々次の(1)，(2)によって定義される．
(1) 1) $At \to \exists xAx$.
    2) $Ax \to C \Rightarrow \exists xAx \to C$.
(2) 1) $\forall xAx \to At$.
    2) $C \to Ax \Rightarrow C \to \forall xAx$.

ただし，(1)，(2)各々の 1) における t は Ax の x に代入可能な項（i.e. t は Ax の x に対して自由な項）であり，(1)，(2)各々の 2) における C では，x は自由変項としては現われていないとする．

ではこのように定義される∃，∀は，圏論的にはどのようなものと捉えられるであろうか．はじめに∃を取り上げよう．ただ論点を分かり易くするために，(1) の Ax の代りにその一例となる二項述語 Rxy の場合で考えていく．すなわちその定義も上の (1) ではなく，次の (3) に改めた上で（ただし(1) の 1)，2) に伴う条件は省略），考えていくことにする．
(3) 1) $Rxy \to \exists xRxy$.
    2) $Rxy \to C \Rightarrow \exists xRxy \to C$.

さて最初の作業であるが，身近な仕方で理解を進めていくために，まず上

§5.3† 限量記号 ∃, ∀ について

の (3) なる定義を図示してみる．実際，論理式各々を集合 $D_1 \times D_2$ の部分集合とし，推論関係 → をそうした部分集合間の包含関係 ⊆ とするとき，(3) は図 5.3 のように図示できる．ただし，D_1，D_2 は各々 x，y の変域となる集合であり，$D_1 \times D_2$ はそれらの直積集合である．

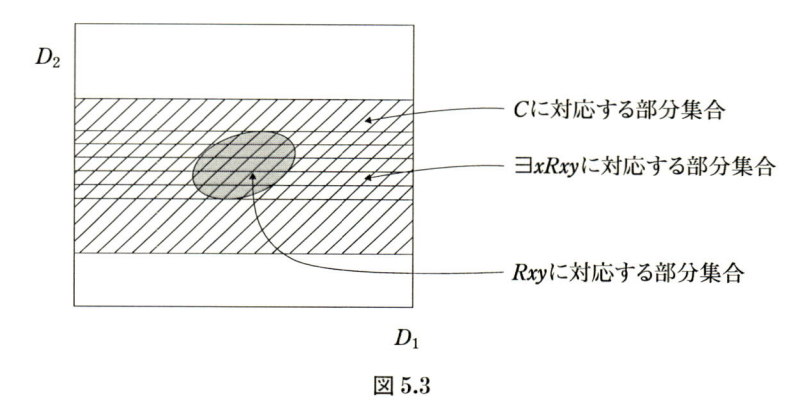

図 5.3

少し補足すると，図 5.3 の網掛部分は，Rxy をみたす個体 d_1，d_2 の対 $\langle d_1, d_2 \rangle$ の集合で，これは論理式 Rxy に対応する部分集合である．また図 5.3 の横線が記入されている長方形部分は，論理式 $\exists xRxy$ に対応する部分集合である．さらに図 5.3 の斜線が記入されている長方形部分は，論理式 C に対応する部分集合である．

注意　1) 一般に，二個の項を含む論理式 A については，A に $\{\langle d_1, d_2 \rangle \mid$ 対 $\langle d_1, d_2 \rangle$ は A をみたし，かつ $d_1 \in D_1$，$d_2 \in D_2$ である$\}$ なる $D_1 \times D_2$ 上の部分集合を対応させることによって，A を図形化できる．
　2) とくに $\exists xRxy$ の場合，上の 1) の「対 $\langle d_1, d_2 \rangle$ は A をみたす」ところが，次のようになることから，横線が記入された長方形が対応する．
　　$\langle d_1, d_2 \rangle$ は $\exists xRxy$ をみたす $\iff$ 対 $\langle d_1, d_2 \rangle$ の高々 d_1 のところを異にした対 $\langle d_1', d_2 \rangle$ が少なくとも一つ存在して，その対 $\langle d_1', d_2 \rangle$ が Rxy をみたす．

次の作業は，図 5.3 の状況を圏論的に理解するために必要となるいくつかの準備作業をすることである．その第一として，$p: D_1 \times D_2 \to D_2$ なる射影

p を考える．すなわち $p(\langle d_1,d_2\rangle)=d_2$ なる写像 p を考える．第二には，P(D_2)，P$(D_1\times D_2)$ なる圏を考える．すなわち P(D_2) は，D_2 の部分集合をその対象とし，それらの間の包含関係 $\subseteq$ を矢 $\to$ とする圏であり，P$(D_1\times D_2)$ は $D_1\times D_2$ の部分集合をその対象とし，それらの間の包含関係 $\subseteq$ を矢 $\to$ とした圏である．第三には，$p^{-1}:\mathrm{P}(D_2)\to\mathrm{P}(D_1\times D_2)$ なる関手 p^{-1} を考える．すなわち $p^{-1}(Y)=\{\langle d_1,d_2\rangle\mid d_1\in D_1$ かつ $d_2\in Y\subseteq D_2\}$ なる関手 p^{-1} を考える．また第四には，$\exists_p:\mathrm{P}(D_1\times D_2)\to\mathrm{P}(D_2)$ なる関手 $\exists_p$ を考える．すなわち $\exists_p(X)=\{d_2\mid d_2=p(\langle d_1,d_2\rangle)$ かつ $\langle d_1,d_2\rangle\in X\subseteq D_1\times D_2$ かつ $d_2\in D_2\}$ なる関手 $\exists_p$ を考える．

以上，図 5.3 の圏論的な理解のための準備として，関手 p^{-1}，$\exists_p$ などを導入したが，さらに必要となる準備作業としては，導入した p^{-1}，$\exists_p$ の間に，図 5.4 から，次の (4)，(5) の成立を確認すること，およびそれらが (6) にまとめられることを確認することである．

(4)　$X\subseteq p^{-1}\exists_p(X)$．

(5)　$X\subseteq p^{-1}(Y)\Rightarrow\exists_p(X)\subseteq Y$．

(6)　$\exists_p(X)\subseteq Y\iff X\subseteq p^{-1}(Y)$．

図 5.4

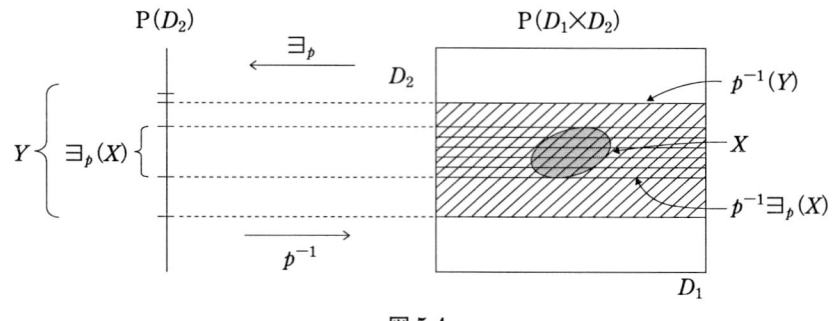

注意　念のために，(4)，(5) が (6) にまとめられることについて触れておく．まず (4)，(5) から (6) が引き出せることは，(5) の右辺 (i.e. $\exists_p(X)\subseteq Y$) を仮定すると，p^{-1} の単調性によりここから $p^{-1}\exists_p(X)\subseteq p^{-1}(Y)$ が得られ，さらにこれと (4) を合せると (5) の左辺 (i.e. $X\subseteq p^{-1}(Y)$) が得られ，結局 (5) の逆が成立し，そのことにより示せる．また (6) から (4) が引き出せることは，(6) の Y に $\exists_p(X)$ を代入することにより示せる．さらに (6) から (5) が引き出されること

は，(5)が(6)の一部であることから明らかである．

ところで上に得られた(6)は，さらに $\subseteq$ を $\to$ で表わすと，
(7)　　$\exists_p(X) \to Y \iff X \to p^{-1}(Y)$

となり，これは§5.4で定義した随伴関係に他ならず，したがって$\exists_p \dashv p^{-1}$であることを示している．すなわち$\exists_p$はp^{-1}を右-随伴とする左-随伴関手であり，p^{-1}は$\exists_p$を左-随伴とする右-随伴関手であることが，明らかになったといえる．

以上の長い準備作業を踏まえて，いよいよ論理の限量記号∃の圏論的な理解を与えよう．そのために図5.3を改めて見直すとき，問題の$\exists x R x y$の∃xには，図5.3の網掛部分の部分集合から図5.3の横線が記入された長方形部分の部分集合を対応させる作用が対応していることが分かる．そこで図5.4のXを図5.3の網掛部分とみなし，図5.4の$p^{-1}\exists_p(X)$を図5.3の横線が記入された長方形部分とみなせば，∃xに対応する作用がいまや$p^{-1}\exists_p$であることが，自然に明らかとなってくる．すなわち論理の限量記号∃は，いまや圏論的には，上に導入した二つの関手p^{-1}と$\exists_p$との合成$p^{-1}\exists_p$として理解できてくる．くりかえしていえば論理の∃は，圏論的には，$\exists_p \dashv p^{-1}$を基本性質とするp^{-1}と$\exists_p$なる二つの関手の合成関手$p^{-1}\exists_p$として把握される，ということである．

∃，∀について（その2）

つづいて∀を取り上げよう．ただここでも論点を分かり易くするために，先の(2)のAxの代りに二項述語Rxyの場合で考えていく．すなわちその定義も先の(2)ではなく，次の(8)に改めた上で（ただし(2)の1），2）に伴う条件は省略），考えていくことにする．

(8)　1)　$\forall x R x y \to R x y$．

　　　2)　$C \to R x y \Rightarrow C \to \forall x R x y$．

最初の作業は，∃のときと同様，上の(8)の図示である．そしてその結果，(8)は図5.5のように図示されてくる．

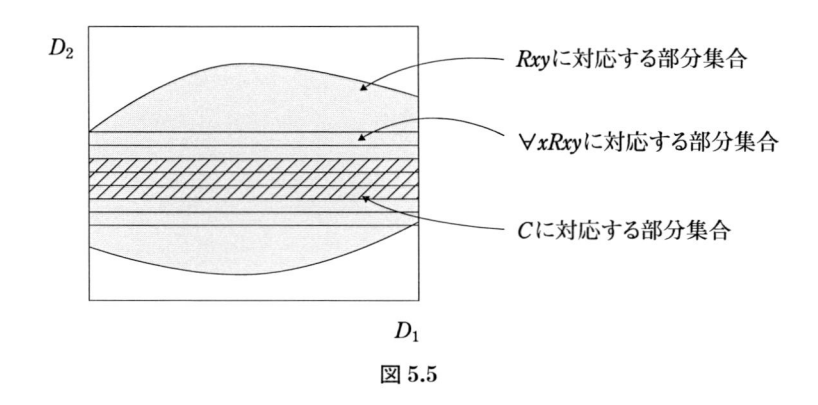

第 5 章 リミット，空間性トポス，限量記号

```
         D_2
  ┌─────────────────┐
  │   ╱╲            │────── Rxy に対応する部分集合
  │  ╱  ╲           │
  │ ▓▓▓▓▓▓          │────── ∀xRxy に対応する部分集合
  │ ▓▓▓▓▓▓          │
  │ ▒▒▒▒▒▒          │────── C に対応する部分集合
  │  ╲  ╱           │
  │   ╲╱            │
  └─────────────────┘
         D_1
```

図 5.5

少し補足する．図 5.5 の網掛部分は，Rxy をみたす個体 d_1，d_2 の対 $\langle d_1, d_2\rangle$ の集合で，これは論理式 Rxy に対応する部分集合である．また図 5.5 の横線が記入されている長方形部分は，論理式 $\forall xRxy$ に対応する部分集合である．さらに図 5.5 の斜線が記入されている長方形部分は，論理式 C に対応する部分集合である．

注意 $\forall xRxy$ の場合，横線が記入された長方形が対応することは，次のことから明らかとなる．

対 $\langle d_1, d_2\rangle$ は $\forall xRxy$ をみたす $\iff$ 対 $\langle d_1, d_2\rangle$ と高々 d_1 のところを異にしたすべての対 $\langle d_1', d_2\rangle$ について，対 $\langle d_1', d_2\rangle$ が Rxy をみたす．

次の作業は，図 5.5 の状況を圏論的に理解するために必要となるいくつかの準備作業をすることである．まずここでも，射影 p，圏 $\mathrm{P}(D_2)$，$\mathrm{P}(D_1\times D_2)$，関手 p^{-1} を考えることが必要となる．ただ $\forall$ の理解のためには，これらに加えて，新たに $\forall_p : \mathrm{P}(D_1\times D_2)\to \mathrm{P}(D_2)$ なる次のような関手 $\forall_p$ も考える必要がある．すなわち $\forall_p(X)=\{d_2 \mid p^{-1}\{d_2\}\subseteq X\subseteq D_1\times D_2$ かつ $d_2\in D_2\}$ なる関手 $\forall_p$ を考える．そしてその上で p^{-1} と $\forall_p$ との間に，下の図 5.6 から，次の (9)，(10) の成立を確認すること，およびそれらが (11) にまとめられることを確認することも，準備作業として必要となる．

§5.3† 限量記号 ∃, ∀ について

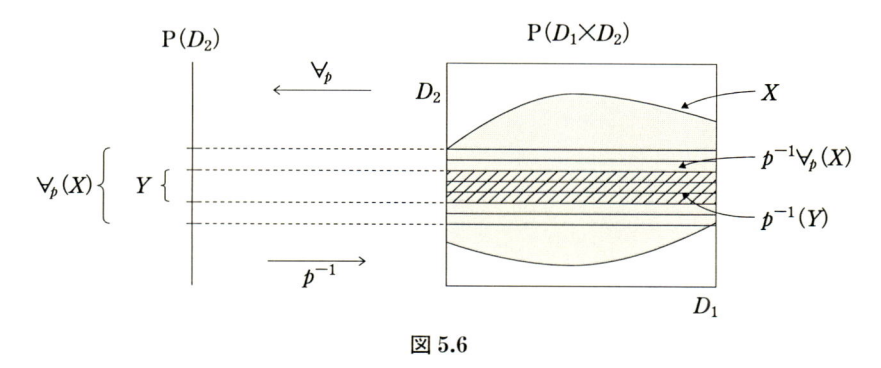

[図: P(D_2) と P($D_1 \times D_2$) の間の対応。左側に $\forall_p(X)$ と Y、右側に X、$p^{-1}\forall_p(X)$、$p^{-1}(Y)$ が示されている。矢印 $\forall_p$ は右から左、p^{-1} は左から右。]

図 5.6

(9) $p^{-1}\forall_p(X) \subseteq X$.
(10) $p^{-1}(Y) \subseteq X \Rightarrow Y \subseteq \forall_p(X)$.
(11) $p^{-1}(Y) \subseteq X \iff Y \subseteq \forall_p(X)$.

注意 ここでも念のために, (9), (10) が (11) にまとめられることについて触れておく. まず (9), (10) から (11) が引き出せることは, (10) の右辺 (i.e. $Y \subseteq \forall_p(X)$) を仮定すると, p^{-1} の単調性によりここから $p^{-1}(Y) \subseteq p^{-1}\forall_p(X)$ が得られ, さらにこれと (9) を合せると (10) の左辺 (i.e. $p^{-1}(Y) \subseteq X$) が得られ, 結局 (10) の逆が成立し, このことより示せる. また (11) から (9) が引き出せることは, (11) の Y に $\forall_p(X)$ を代入することにより示せる. (11) から (10) が引き出されることは, (10) が (11) の一部であることから明らかである.

ところで上に得られた (11) は, さらに $\subseteq$ を $\to$ で表わすと,

(12) $p^{-1}(Y) \to X \iff Y \to \forall_p(X)$

となり, これは随伴関係 $p^{-1} \dashv \forall_p$ であることを示している. すなわち p^{-1} は $\forall_p$ を右-随伴とする左-随伴関手であり, $\forall_p$ は p^{-1} を左-随伴とする右-随伴関手であることが, 明らかになったといえる.

ここで以上の準備作業を踏まえて, 論理の限量記号 $\forall$ の圏論的な理解を与えよう. そのために図 5.5 を改めて見直すとき, 問題の $\forall x R x y$ の $\forall x$ には, 図 5.5 の網掛部分の部分集合から図 5.5 の横線が記入された長方形部分の部分集合を対応させる作用が対応していることが分かる. そこで図 5.6 の $p^{-1}\forall_p(X)$ を図 5.5 の横線が記入された長方形部分とみなせば, $\forall x$ に対応す

る作用がいまや $p^{-1}\forall_p$ であることが，自然に明らかとなってくる．すなわち論理の限量記号 $\forall$ は，圏論的には，上に導入した二つの関手 p^{-1} と $\forall_p$ との合成 $p^{-1}\forall_p$ として理解できてくる．くりかえしていえば論理の $\forall$ は，圏論的には，$p^{-1} \dashv \forall_p$ を基本性質とする p^{-1} と $\forall_p$ なる二つの関手の合成関手 $p^{-1}\forall_p$ として把握される，ということである．

なおひとこと，下の図で示される状況から $p^{-1}\exists_p$ と $p^{-1}\forall_p$ との間には，さらに $p^{-1}\exists_p \dashv p^{-1}\forall_p$ (i.e. $\exists \dashv \forall$) が成立することも添えておく．

$$P(D_1\times D_2) \xrightleftharpoons[p^{-1}]{\exists_p} P(D_2) \xrightleftharpoons[\forall_p]{p^{-1}} P(D_1\times D_2)$$

注意 上の状況から $p^{-1}\exists_p \dashv p^{-1}\forall_p$ が得られることは，一般に $F \dashv G, G \dashv H \Rightarrow GF \dashv GH \cdots$ (#) が成立することによる．念のため (#) を，§3.2 においてと同様に，簡易な仕方で示しておこう．まず $\Rightarrow$ の左辺が成立すると仮定する．すなわち $F(C) \to B \iff C \to G(B)$ …(1) および $G(B) \to D \iff B \to H(D)$ …(2) が成立するとする．ここで(2)の B に $F(C)$ を代入し，また (1)の B に $H(D)$ を代入すると，$GF(C) \to D \iff F(C) \to H(D)$ および $F(C) \to H(D) \iff C \to GH(D)$ が成立する．よってこの両者を合せることにより，直ちに $GF(C) \to D \iff C \to GH(D)$ (i.e. $GF \dashv GH$) を得る．

$P(D^n)$ と $Sub(A)$

論理の限量記号 $\exists$，$\forall$ について，差し当り一階述語論理の二項述語の場合に限ってであったが，その圏論的な捉え方の要点を上にみてみた．その結果その捉え方が，二項述語の場合に限らず一般的にも通用するものであること，また一階の述語論理に限らず種々の高階論理の限量記号についても通用できるものであることは，容易に予想できる．しかしここでは，細部を考慮してのその具体的な展開は省略し，むしろ上でみた $\exists$，$\forall$ の圏論的な捉え方の要点をもう少し一般化しておく作業に移行する．すなわちこの§のはじめに触れた論理の $\exists$，$\forall$ の基本性について，その圏論的な立場からの理解に繋がる

事柄の方をみていくことにする．

そのためにはじめに，二項述語の場合 $P(D_2)$，$P(D_1 \times D_2)$ が登場したが，そこでの D_1，D_2，$D_1 \times D_2$ などの集合を改めて D^n（ただし n は自然数とする）と一般化し，また $P(D_2)$，$P(D_1 \times D_2)$ などの圏も改めて $P(D^n)$ なる圏（i.e. D^n の部分集合たちをその対象とし，部分集合の包含関係 $\subseteq$ を矢とした圏）と一般化する．さらに射影 p も D^n と D^m（ただし m は $m \leq n$ なる自然数とする）間の射影とし，p^{-1}，$\exists_p$，$\forall_p$ もその p によって先と同様にして決まる $P(D^n)$ と $P(D^m)$ 間の関手として一般化する．

つづいて次に，部分集合が圏論的には部分対象であり，しかもそれらは mono なる矢と捉えられることから，D^n に相当する対象を A と表わした上で，$P(D^n)$ をさらに一般化した圏 $\mathrm{Sub}(A)$ を考える．

定義（$\mathrm{Sub}(A)$）
$\mathbf{C}$ を圏とし，A をその任意の対象とする．その上で，この A における mono なる矢たちを対象とし，mono の間の次のような矢をその矢とする圏は，A の「部分対象の圏」(category of subobjects) と呼ばれ，記号 $\mathrm{Sub}(A)$ で表わされる．すなわち $\mathrm{Sub}(A)$ の矢は，$u : X \rightarrowtail A$，$v : Y \rightarrowtail A$ を各々対象として，下図を可換とする矢 $w : X \to Y$ である．ただし X，Y は A の部分対象とする．

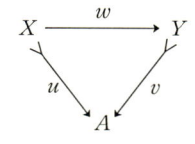

$$\begin{array}{ccc} X & \xrightarrow{w} & Y \\ & \searrow u \quad v \swarrow & \\ & A & \end{array}$$

□

注意 圏 $\mathrm{Sub}(A)$ はトポスにもなってくる．

ところでこのように一般化を進めると，論理の限量記号 $\exists$，$\forall$ の圏論的な捉え方において核心となった射影 p なる写像および p^{-1}，$\exists_p$，$\forall_p$ の各々は，D^m に相当する対象を B とした上でさらに一般化されて，p に対しては任

意の $f: A \to B$ なる矢，p^{-1}，$\exists_p$，$\forall_p$ に対してはこの f によって決まる $\mathrm{Sub}(A)$ と $\mathrm{Sub}(B)$ 間の f^{-1}，$\exists_f$，$\forall_f$ なる関手として考えられてくる．すなわちくり返しになるが，論理の限量記号 $\exists$，$\forall$ の圏論的な捉え方での核心であった射影 p および $\exists_p \dashv p^{-1} \dashv \forall_p$ をみたす関手 p^{-1}，$\exists_p$，$\forall_p$ は，いまや任意の $f: A \to B$ なる矢およびその f によって決まる $\mathrm{Sub}(A)$ と $\mathrm{Sub}(B)$ 間の $\exists_f \dashv f^{-1} \dashv \forall_f$ をみたす関手として想定され，一般化される．

注意 射影 p は epi であるが，任意の $f: A \to B$ はもとより epi とは限らない．

$\exists$，$\forall$ の基本性への理解

次に，上の一般化の方向を踏まえ，論理の限量記号 $\exists$，$\forall$ を圏論的に捉えるとき，その各々の基本性への理解も可能となることをみておく．というのも実は，限量記号の核心部分の一般化として想定した $\exists_f \dashv f^{-1} \dashv \forall_f$ をみたす関手 $\exists_f$，f^{-1}，$\forall_f$ の定義（i.e. 存在）が，「トポスの基本定理」で示された任意の $f: A \to B$ のもとでの $\Sigma_f \dashv f^* \dashv \Pi_f$ をみたす関手 Σ_f，f^*，Π_f の存在から，可能となるからである．すなわち論理の限量記号 $\exists$，$\forall$ の基本性が，およびその核心部分の $\exists_f$，f^{-1}，$\forall_f$ の基本性が，「基本定理」を介して，トポス構造に伴う基本的な性格の現われとして了解される可能性があるといえる．

そこでさっそくその辺の事情を，f，f^{-1}，$\exists_f$，$\forall_f$ と f，f^*，Σ_f，Π_f との関連をみてみるという仕方で，注目してみよう．その際その論点となるのは，トポス $\mathbf{E} \downarrow A$ と $\mathrm{Sub}(A)$ との間における次のように定義される関手 i_A と r_A の存在である．なお関手 r_A の定義には，§4.1 で触れた「epi–mono 分解定理」（i.e. §4.1 の定理5）が，その前提として使われる．また下の定義では，$\mathbf{E}$ をトポス，A をその任意の対象，$\mathbf{E} \downarrow A$ を $\mathbf{E}$ の A によるスライスとしている．

§5.3′ 限量記号 ∃, ∀ について

定義（i_A と r_A）

(1) i_A は，$i_A : \mathrm{Sub}(A) \to \mathrm{E}{\downarrow}A$ であり，かつ $\mathrm{Sub}(A)$ の対象 mono（i.e. $X{\rightarrowtail}A$ など）およびそれらの間の矢に対して，その各々をそのまま $\mathrm{E}{\downarrow}A$ の対象と矢として対応づける関手である．

(2) r_A は，$r_A : \mathrm{E}{\downarrow}A \to \mathrm{Sub}(A)$ であり，かつ $\mathrm{E}{\downarrow}A$ の対象 $u : X \to A$ に対して，その epi-mono 分解 $X \xrightarrow{u^*} u(X) \xrightarrow{\mathrm{im}u} A$ の中の mono $\mathrm{im}u : u(X){\rightarrowtail}A$ を対応づけ，さらに $\mathrm{E}{\downarrow}A$ での矢 $w : X \to Y$ に対しては，上の $\mathrm{im}u : u(X){\rightarrowtail}A$ と対象 $v : Y \to A$ の epi-mono 分解 $Y \xrightarrow{v^*} v(Y) \xrightarrow{\mathrm{im}v} A$ の中の mono $\mathrm{im}v : v(Y){\rightarrowtail}A$ との間の「epi-mono 分解定理」によって一意的に存在する矢 $u(X){\rightarrowtail}v(Y)$ を対応づける関手である． □

注意 定義の中の X, Y はもとより A の部分対象である．

念のため，上の定義にかかわる状況図を一つ添えておく．

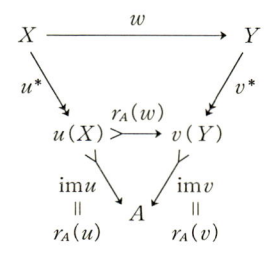

$$\begin{array}{ccc}
X & \xrightarrow{w} & Y \\
{\scriptstyle u^*}\searrow & & \swarrow{\scriptstyle v^*} \\
u(X) & \xrightarrow{r_A(w)} & v(Y) \\
{\scriptstyle \mathrm{im}u}\searrow & & \swarrow{\scriptstyle \mathrm{im}v} \\
{\scriptstyle \|} & A & {\scriptstyle \|} \\
r_A(u) & & r_A(v)
\end{array}$$

また定義からさらに下図が成立する．すなわち i_A と r_A との間には随伴関係 $r_A \dashv i_A$ が成立する．

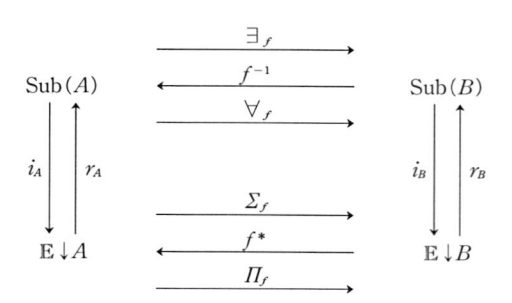

$$
\begin{array}{ccc}
\mathrm{E}\!\downarrow\! A & \xrightarrow{r_A} & \mathrm{Sub}(A) \\
& \xleftarrow{i_A} &
\end{array}
$$

$$
\begin{array}{ccc}
X \xrightarrow{u} A & \xrightarrow{r_A} & u(X) \rightarrowtail^{\mathrm{im}u} A \\
{\scriptstyle v^*\circ w}\downarrow & & \downarrow{\scriptstyle r_A(w)} \\
v(Y) \rightarrowtail^{\mathrm{im}v} A & \xleftarrow{i_A} & v(Y) \rightarrowtail^{\mathrm{im}v} A
\end{array}
$$

さてこのように $\mathrm{E}\!\downarrow\! A$ と $\mathrm{Sub}(A)$ との間に，i_A と r_A による関連の存在が明らかになると，いま問題としている $f: A \to B$ のもとでの $\mathrm{Sub}(A)$，$\mathrm{Sub}(B)$ 間の関手 f^{-1}，$\exists_f$，$\forall_f$ と，$\mathrm{E}\!\downarrow\! A$，$\mathrm{E}\!\downarrow\! B$ 間の関手 f^*，Σ_f，Π_f との間にも，下記の図のような関連が成立してくる．そしてこのことは，「トポスの基本定理」によってその存在が保証されている f^*，Σ_f，Π_f の各々に，f^{-1}，$\exists_f$，$\forall_f$ が対応していることから，f^{-1}，$\exists_f$，$\forall_f$ 各々の存在も保証され，したがってその各々がこの図によって定義されることを示している．また存在についてだけではなく，$\exists_f \dashv f^{-1} \dashv \forall_f$ なる随伴関係も，「トポスの基本定理」によって保証されている $\Sigma_f \dashv f^* \dashv \Pi_f$ なる随伴関係に根差すものであることが示されている．論理の限量記号 $\exists$，$\forall$ の核心となる f^{-1}，$\exists_f$，$\forall_f$ は，トポスというきわめて一般性の高い論理構造の基本性質である「トポスの基本定理」に，このように本質的にもとづいているといえる．これらの点を十分考慮するとき，論理の限量記号 $\exists$，$\forall$ の基本性についても，ここに改めてその深い理解が得られる，といえよう．

$$
\begin{array}{ccc}
& \xrightarrow{\exists_f} & \\
\mathrm{Sub}(A) & \xleftarrow{f^{-1}} & \mathrm{Sub}(B) \\
& \xrightarrow{\forall_f} & \\
{\scriptstyle i_A}\downarrow\uparrow{\scriptstyle r_A} & & {\scriptstyle i_B}\downarrow\uparrow{\scriptstyle r_B} \\
& \xrightarrow{\Sigma_f} & \\
\mathrm{E}\!\downarrow\! A & \xleftarrow{f^*} & \mathrm{E}\!\downarrow\! B \\
& \xrightarrow{\Pi_f} &
\end{array}
$$

結　び

この結びのテーマ

　五つの章からなる本文において，関数型高階論理 λ-h.o.l. と圏の一種であるトポス E について，その基礎部分の要点を解説した．それは，〈序〉ですでに触れたように，二つの理由によっていた．第一の理由は，関数型高階論理やトポスが，それらをはじめて学ぶ者にとって少々取りつきにくいことから，それらが登場する分野の学習をめざす方々のために，本格的な学びの前段階として，それらの基礎部分の平易な解説が必要と考えられたからであった．第二の理由は，豊かな表現力をもつ論理としての関数型高階論理と高い一般性をもつ論理としてのトポスとが，ともに哲学的な知識論に関心をもつ者にとってはきわめて興味深い論理といえることから，それらの方々に各々の基礎部分の要点を知っていただくことが，有意義なことと考えられたからでもあった．

　さてこの〈結び〉は，実は上の二つの解説理由のうち，第二の理由の中で触れた哲学的知識論に関心をもたれる方々に対しての内容となっている．すなわちこの〈結び〉は，関数型高階論理やトポスが，とりわけトポスが，〈序〉において指摘したように，普遍論理と仮に呼んだ論理の有力候補であることを，本文の少なくとも 1 章から 3 章の解説を踏まえて改めてもう少し検討し，はっきりさせることが，そのテーマとなっている．したがって第一の解説理由の線にそってこの著書をお読みいただいた方々は，この結びの部

分を全く省略してしまい，あとは最後の〈おわりに〉に目を通された上で，読了とされて結構である．

普遍論理の条件[†]

　トポスが普遍論理の有力候補であることを検討するに当っては，普遍論理なるものをもう少し限定しておくこと，すなわち普遍論理がみたすべき条件を明らかにしておくことが，予め必要である．しかし〈序〉で述べたように普遍論理が，カント的構図をもつ知識論の立場に立つとき，われわれの知的認識成立の大前提の一つと位置づけられていることから，普遍論理がみたすべき条件については，自ずと下記の(1)〜(3)のような三つの条件が指摘できてくる．

　(1)　汎用性をもつこと．表層的なレベルの上級言語は，それが表現する各々の分野に適した体裁になっている．しかしわれわれの知性の基底的なところと結びつく論理である普遍論理には，どのような表層的な上級言語でも最終的にはそこに翻訳可能であるような性格を備えた言語であることが要求される．すなわち普遍論理はきわめて豊かな表現力をもつ言語であることが要求される．なお暫時この条件を，仮に「汎用性の条件」と呼ぶことにしよう．

　(2)　汎通性（または対称性）をもつこと．一つの言語が与えられたとき，その言語について語る言語（i.e. メタ言語 meta-language）が，さらにそのメタ言語を語るメタ-メタ言語などが問題となることがある．普遍論理となる言語には，その言語が対象言語 object-language としてであるかメタ言語としてであるか，またメタ-メタ言語としてであるかなどに関係なく，さらにまた一般にどのような視座からその言語が問題とされるかに関係なく，少なくともその基本構造については，いかなる場合でもそれが保存される，という性格をもつことが要求される．なお暫時この条件を，仮に「汎通性（または対称性）の条件」と呼ぶことにしよう（ここで「対称性」という呼称は，物理での用語になぞらえてのものである）．

　(3)　自然性をもつこと．いま一つの汎用性をもつ言語が与えられたとして，

その言語がどのような原始概念から形成されているかを注目してみる．すなわち言語は一般に，若干の基本的な状況を表現する概念（i.e. 原始概念）をもっており，それらをもとに複雑な状況をも表現できるようになっているが，その原始概念に注目してみる．そしてそのときもしその言語が普遍論理である場合には，そこで選択されている原始概念の各々は，われわれの知性の基本的な性格と自然に対応づけられるようなものであることが，当然要求されてくる．なお暫時この条件を，仮に「自然性の条件」と呼ぶことにしよう．

トポスと上記 3 条件†

以上，普遍論理がみたすべき条件を三つほど提示したが，普遍論理の有力候補としてのトポスなる言語は，これらの条件をみたしているであろうか．もとより答は肯定的である．以下この点をごく簡単にみていくことにする．

[1] 汎用性について．集合論と同質的な一階の述語論理では，諸科学において頻出する that 節などを十分に捉えることはできない．これに対し，§1.4 で示したように，関数型高階論理 λ-h.o.l. では容易にそれが処理できた．しかしこれはほんの一例であり，本文第 1 章全体の内容から，すべてを関数的に捉えていく関数型高階論理が，文字通り豊かな表現力をもつ言語であることは明らかである．その意味で関数型高階論理は，汎用性の条件をみたしている言語といえる．

一方，この汎用性をもつ高階論理 λ-h.o.l. が，さらにトポスの中へ写し込まれることは，これまた §2.4 で確認したとおりである．ということは，明らかにトポスもまた汎用性をもった言語といえる．すなわちトポスは汎用性の条件をみたしている，と結論づけられる．

[2] 汎通性について．§3.3, §3.4 で示した「トポスの基本定理」の成立が，トポスが汎通性の条件をみたしていることを明らかにしている．

とくにこの「基本定理」の前半では，トポス E の一構成要素である任意の対象 B によって E をスライスするとき，すなわち B を中心に改めて新しい

論理構造 $E\downarrow B$ をつくり直すとき，それがもとのEと同一構造となることが主張されていた．したがってこのことは，多少比喩的にいえば，$E\downarrow B$ は B を視座とした新たな圏的言語であり，その視座 B 自身がEの一構成要素である場合には，その B がいかなる視座であれ，そこでの新たな言語 $E\downarrow B$ の構造はもとの全体Eの構造が反映されたものとなっている，ということの主張でもある．とにかくトポスEの構造は，スライスするという作業，すなわちある視座を選択するということに関して，不動性を保っており，「基本定理」はトポス構造の保存定理といえるものとなっている．

ところでわれわれは，現象を知的に把握し表現する際，顕在的か潜在的かは別にして，通常予め一つの視座を決め，そこにすべてを引きつけた仕方で行う．トポスなる言語を使って現象を表現する場合も同様であり，その場合一つの視座を決めることは，トポスに属する一つの対象を視座として設定することに，すなわちその対象でトポスをスライスすることに相当してくる．それゆえこの点をも考え合せ，改めてスライスに関してのトポス構造の保存性を内容とする「基本定理」前半の主張に注目するとき，この定理がまさにトポスの汎通性を示していることは明らかである．すなわちトポスは汎通性の条件をもみたしている，と結論づけられる．

[3]　自然性について．トポスは，積と巾，終対象1，さらに subobject classifier Ω の四つをその原始概念としている．そこでトポスが自然性の条件をみたすことを示すには，上の四つの各々について，それらがわれわれの知性のいかなる基本的な性格と対応しているかを，明らかにしていく必要がある．

(1)　積と巾について．これらと知性の基本的な性格との対応を示すには，少々準備が必要であり，〈結び〉という枠の中でこの対応を明瞭に示すことは難しい．そこで取りあえずここでは，以下の三つの点に注意を促すにとどめておく．

第一の点は，二つのもの b, c が $b \xrightarrow{f} c$ (i.e. $f(b) = c$) として知的に把握される場合，そこには知性の基本的な性格として次の二つの事柄の必然的な関与を見出すことができる，という点である．

1) b, c 両者の差異 (Δ) の把握と, b に差異を付加 ($+\Delta$) したものが c であること (i.e. $b+\Delta=c$) の把握.

2) b, c 両者の差異 (Δ) の把握と, c から差異を削除 ($-\Delta$) したものが b であること (i.e. $c-\Delta=b$) の把握.

すなわち第一の点は, 補足的にいいかえると, $b \xrightarrow{f} c$ なる知的な把握の際に, $+\Delta$ を f, $-\Delta$ を g とおくと, $f(b)=c \iff b=g(c)$ といったいわば随伴関係 $f \dashv g$ に準じた条件をみたす f, g なる二つの契機の関与が, 基本的なこととして見出せるということである.

次に第二の点は, トポスの原始概念となっている積と巾については, §2.3 で触れたように, 両者にとって $A\times(B) \to C \iff B \to (C)^A$ という随伴関係 $A\times(\ ) \dashv (\ )^A$ が本質的であったことである.

そして第三の点は, 上の二つの点を付き合すとき, 積と巾との各々が, 知的な把握においてその基本的な性格として見出せる f (i.e. $+\Delta$) と g (i.e. $-\Delta$) という二つの契機と対応している, という点である.

とにかく以上の三点により, もとよりこのような指摘のみでは単なる示唆の域を出るものではないが, トポスにおける積と巾に対して, 知性のもつ基本的な性格の一部が対応する様子を, 示し得たといえよう (付録1を参照).

(2) 終対象 1 について. 複数個の事象について知的認識がなされるとき, 通常は, 一つの統一的な立場に立った上で, 個々の事象の知的な把握がなされる. またとくに所与の現象が理論的に認識される多くの場合には, この統一的な立場自体も注視され, その知的な把握がなされる. そしてこれらのことは, 明らかにわれわれの知性の基本的な性格の一つである.

ではこのような理論的な知的認識における状況は, トポスとしてはどのように描けるであろうか. いま上記した統一的な立場を対象 S とすると, 個々の対象 A, B, C, … などはもはや単に A, B, C, … ではなく, 各々 $A \to S$, $B \to S$, $C \to S$, … なる形をした対象として描け, また統一的な立場自体も $S \to S$ なる形をした対象として描けてくる. そこでこの描きのもとで次に, 新しい対象 $S \to S$ を改めて 1 とおき, また他の新しい対象 $A \to S$ を改めて A とおいてみる. するとこのとき, §3.3 で触れたように, 必ず $A \to 1$ が存在してくる. そしてこのことは任意の新しい対象についても

同様である．したがってこの描きのもとで登場した 1 が，いまやまさに終対象といえる．

以上により，トポスの原始概念の一つである終対象 1 は，少なくとも理論的な認識の際に見出せる知性の基本的な性格の一つと対応していることが明らかとなった．すなわち終対象 1 は，理論的な知的認識においては，それが前提する統一的な立場自体をも知的に把握する，という知性の基本的な性格と対応していることが示された．

(3) subobject classifier Ω について．知的認識においては，対象レベルの事柄であれメタレベルの事柄であれ，その個々の認識内容は，通常，同一命題や存在命題に代表されるように命題の形で捉えられる．その上でさらに，その命題たちは真理性などに関して評価され，分類されるという仕方で整理される．しかもその評価，分類においては，真理値からなる集合といういわばもの差しが予め用意される．以上のことは，多少とも理論的である認識においては，必ず見出せる知性の基本的な性格の一つといえる．

ところでトポスにおいて所与の現象を表現していく場合，所与の現象の一部を，一つの矢やいくつかの矢の合成矢として表示するだけで終るのではないというまでもない．すなわちトポスにおいても，現象の一部を表示する各々の矢同士の間の同一関係などが注目され，同一命題などとして捉えられる．またさらに，そうした命題たちに対する評価，分類なども行われる．

しかし一方で，すべてを対象と矢によって表現しようとするトポスでは，命題という形態はそのままでは認められない．そこで命題の特徴が真理値をもち得るところにあることから，真理値をその要素とする Ω なる対象が導入されてくる．実際そのことによって，§2.4 で触れたように，命題も圏論的に捉えられるようになっており，また命題の評価，分類に相当することも可能となっている．

いま Ω をめぐる事情を簡単に顧みたが，ここにおいて subobject classifier Ω が，理論的な知的認識において見出せる真理値を中心に命題たちを評価し，分類するという知性の基本的な性格の一つと対応していることは，もはや明らかといえる．

結びの結び[†]

　この〈結び〉において，まず，われわれの知的認識成立の大前提に位置する普遍論理について，それがみたすべき条件として，汎用性の条件，汎通性（あるいは対称性）の条件，そして自然性の条件という三つの条件を提示した．次にその上で，圏の一種であるトポスなる言語 (i.e. 論理) が，これらの条件をみたすものであることを，簡単にではあったがチェックしてみた．

　その結果いまやここにおいて，トポスが普遍論理の有力候補であることが，大分はっきりしてきた．すなわちこの〈結び〉のテーマが，ここにほぼ完了したことになる．

　もとより，トポスが文字通り完全に普遍論理であると結論づけることには，慎重でなければならない．しかし本文全体を踏まえていえることは，やはりトポスが，より優れた普遍論理の候補を求めていくに当って，一つの方向を強く示唆していることは間違いない．と同時にトポスが，近世以後の合理主義知識論における，的確な範疇論の確立あるいはライプニッツ (G.W. Leibniz) の夢でもあった普遍数学 mathesis universalis の提示という課題に対しても，一つの示唆を与えていることは注目に価する．とにかくカテゴリー論 (i.e. 範疇論) はカテゴリー論 (i.e. 圏論) によって答えられるといえよう．

付録1[†]　$A \wedge (\ ) \dashv A \supset (\ )$ のイメージ的理解

　論理における $\wedge$ (i.e. 連言) と $\supset$ (i.e. 条件法) との間に成立する下記の随伴関係（※）について，そのイメージ的な理解を，付録として以下少しばかり取り上げる．

$$A \wedge C \to B \iff C \to A \supset B \qquad (※)$$

というのもこの随伴関係（※）は，トポスにおける積と巾との随伴関係に類比的に対応しており，本文最後の〈結び〉で積と巾の自然性がチェックされる際，その補強にもなると思われるからである．

　イメージ的な理解を進めるに当って，まずは意味集合なるものを導入する．ただしここで意味集合 $[A]$ とは，表現 A に対応し，表現 A から意味上引き出されてくる事柄を要素とする集合である．たとえば，A を「それはグレープ・フルーツである」とすると，その意味集合 $[A]$ は，それは柑橘類である，それは直径10センチ位である，それは黄色である，それは表面がすべすべしている，などの各々を要素としている集合となっている．

　さてこのように表現 A に対応する意味集合 $[A]$ を考えると，論理における推論関係 $A \to B$ には，これが「A は B を含意する」を表わしていることから，$[B]$ が $[A]$ の部分集合となっていること，i.e. $[A] \supseteq [B]$ が対応してくると考えられる．また連言 $A \wedge B$ には，A, B 各々に対応する意味集合 $[A], [B]$ の合併集合 $[A] \cup [B]$ が対応してくると考えられる．これは，$\wedge$ の意味が「そして (i.e. および)」であることから，$A \wedge B$ が A, B 各々で表現されている意味内容を「合せたもの」を表現していることから明らかであろう．

　それでは次に，条件法 $A \supset B$ にはどのような意味集合が対応してくると考えられるであろうか．答を先にいえば，$A \supset B$ に対応する意味集合 $[A \supset B]$ は，$[A]$ 以外の $[B]$ という意味集合 $[A], [B]$ 間の差（異）(i.e. 差

集合 $[B]-[A]$) である，と考えられる．そしてこの答の事情は，$[B]-[A]$ がいかなるものかが，下図を手がかりに，次のように考えられることによって明らかとなる．はじめに $[B]-[A]$ (i.e. 下図においての斜線部分) は，$[A]$ に $[B]-[A]$ を合せたものが $[B]$ を含むようなものである (i.e. $([A]\cup([B]-[A]))\supseteq[B]$ …(1))，と考えられる．次に，この $[B]-[A]$ と同じ条件をみたすある $[C]$ があるとき，$[B]-[A]$ はそのような $[C]$ の中の最小のものである (i.e. $([A]\cup[C])\supseteq[B] \Rightarrow [C]\supseteq([B]-[A])$ …(2))，と考えられる．

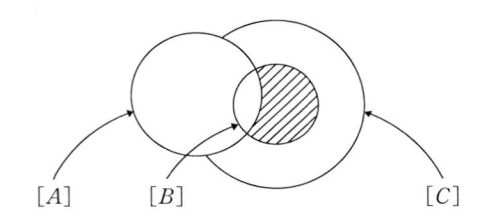

$[A]$　　$[B]$　　　　　　$[C]$

　実際，$[B]-[A]$ が上記(1), (2)のように捉えられるとき，この意味集合上の(1), (2)は，それに対応する表現上の事柄としては，次の(1)′, (2)′ となり，またこの(1)′, (2)′ を一つにまとめたものがほかならぬ（※）であることから，$A\supset B$ に対応する意味集合は $[B]-[A]$ である，という先の答が得られてくる．

(1)′　$A\wedge(A\supset B)\to B$
(2)′　$A\wedge C \to B \Rightarrow C \to A\supset B$

以上，表現に対応する意味集合なるものを導入し，その上で $A\to B$, $A\wedge B$, $A\supset B$ 各々に対応する意味集合を考えてみた．そしてその結果，特に $A\supset B$ の意味集合を考える過程から，自ずとこの付録でテーマとしている（※）なる随伴関係についても，その理解が得られてきているといえる．すなわちトポスの積と巾との随伴関係と類比的に対応している（※）は，A, B なる二つの対象が与えられたとき，両者を「合せる」(i.e. 統合する) ことと両者の「差（異）をとる」(i.e. 分離する) こと，というわれわれの知性が対象を把握する際に見出せる最も原始的な事態が反映された関係として理解されてくる（〈結び〉を参照）．と同時に，連言 $\wedge$ と条件法 $\supset$ が，通常

の論理においてもなぜ原始的な結合とされるのかの事情も，この辺からその理解を深めるきっかけが得られるといえよう．

注意 1) まず上の(1)′, (2)′ から（※）が引き出されること，念のため記しておく．まず(2)′の右 (i.e. $C \to A \supset B$) を仮定する．その上で $A \wedge C \to C$ と合せると，$A \wedge C \to A \supset B$ を得る．また $A \wedge C \to A$ でもあるゆえ，両者より $A \wedge C \to A \wedge (A \supset B)$ となる．するとこれと(1)′ より $A \wedge C \to B$ (i.e. (2)′の左) を得る．すなわち(2)′の逆が成立し，（※）が引き出される．次に（※）から(1)′, (2)′ が引き出されることについても，念のため記しておく．まず（※）の C を $A \supset B$ とおく．すると，$A \wedge (A \supset B) \to B \iff (A \supset B) \to (A \supset B)$ となり，(1)′がつねに成立することが分かる．また(2)′については，（※）の一部ゆえ，引き出されること明らかである．

2) 上記した意味集合についての規定は，これだけでは，いうまでもなく大変曖昧なものである．しかし，この付録ではイメージ的解説を試みていることから，差し当り上の規定にとどめた．なお表現に集合を対応させていく方向は，あるブール束を考え，そこでの超フィルターを要素とする集合（i.e. ブール束の双対空間の部分集合）などを考えることによって，正式にも展開できること，ひとこと添えておく．

付録 2† 各章の課題

第 1 章の課題

1. 第 1 章の諸定理において，証明されている部分の類題として，未証明な部分の証明を試みなさい．
2. §1.4 に示した方法で，Cicero is Tully を λ-h.o.l. の項へ翻訳しなさい．

第 2 章の課題

1. 第 2 章の諸定理（§2.3 の [3] は除く）において，証明されている部分の類題として，未証明な部分の証明を試みなさい．
2. NNO が成立するトポスにおいて，自然数間の非負差 $x \dotminus y$ (i.e. $x \geq y$ のとき $x-y$，$y>x$ のとき 0 とする演算) に対応する演算 $\dotminus_E$ を，§2.5 で示された他の演算の定義を参考にして，定義しなさい．

第 3 章の課題

1. 関手の圏 Set^C がトポスであることの証明を試みなさい．
2. トポス $\mathrm{Bn}(I)$ で NNO が成立すること，および $\mathrm{Bn}(I)$ での自然数の特徴を確認しなさい．

第 4 章の課題

1. 「epi-mono 分解定理」が，圏一般ではなく，トポスにおいて可能となるところを確認しなさい．
2. §3.4 の Π_f の存在定理が，§4.3 の Π_f の存在定理の特殊な場合となっ

ていることを，両者を比較しながら確認しなさい．

第5章の課題

1. §5.1 の随伴関手によるリミット，コリミットの保存定理について，通常における連続写像の定義などをも考え合せながら，この定理で明らかにされている随伴関手の性格への理解を試みなさい．
2. トポス $\mathrm{Top}(I)$ で NNO が成立すること，および $\mathrm{Top}(I)$ での自然数の特徴を確認しなさい．

　以上，各章の内容を一層身近にするきっかけになると考えられる課題を，付録として添えてみた．

おわりに

　本書は，1990年代のはじめ頃東京大学教養学部教養学科3，4年生向けの講義「科学哲学Ⅰ」，および2004年度，2006年度東洋大学大学院文学研究科哲学専攻学生向けの講義「論理学特論」での講義草稿をもとに，それを少々発展させたものである．抽象的な内容の講義を忍耐強く聴講していただいた学生の皆さんに，ここで改めて感謝申し上げる．

　また本書は，もとより多くの文献を参照しているが，その中でとくに多くを負っている図書文献について，そのいくつかを下に記載させていただき，その著者の方々に，この場で深くお礼を申し上げる．

　実際，第1章については，[1], [2]を参考にしており，第2章～第5章については，[3], [4], [6]を参考にしている．とくに§2.5, §3.1, §5.2は，[3]によるところが多い．また§4.2の定理の証明は，[4]の§1.2での証明をベースにしている．

　なお[7]は，和書の解説書としては先駆的であり，筆者がトポスに関心をもつきっかけともなった文献である．その意味で，その著者には重ねて敬意をも表させていただきたい．また[5]は，トポスのハンドブックともいえるもので，時々参照した文献である．

[1] Andrews, P.B., *An Introduction to Mathematical Logic and Type Theory*, Academic P., 1986.

[2] Gallin, D., *Intensional and Higher-Order Modal Logic*, North-Holland, 1975.

[3] Goldblatt, R., *Topoi* (revised ed.), North-Holland, 1984.

[4] Johnstone, P.T., *Topos theory*, Academic P., 1977.

[5] Johnstone, P.T., *Sketches of an Elephant, A Topos Theory Compedium*, Vol.1, Vol.2, Oxford U.P., 2002.

[6] Mac Lane, S., *Categories for the Working Mathematician*, Springer, 1971.

[7] 竹内外史，層・圏・トポス，日本評論社，1978．

　以上，講義の聴講生と文献の著者へのお礼を申し上げたが，出版に当っては，まず東京大学大学院人文社会系研究科の一ノ瀬正樹先生に，東京大学出版会への橋渡しの労をお取り下さったことに対して，心よりお礼を申し上げる．また出版の具体的な作業においては，同出版会編集部の小暮明氏に，数々の貴重なご提言をいただいたことをはじめ，いろいろとお世話いただいた．このこと同氏に，深く感謝申し上げる．また最後に，再校時にご協力いただいた渡部鉄兵氏および面倒な版下作製に携わって下さった印刷所の方々にも，この場を借りてお礼を申し上げさせていただきたい．S. D. G.

　　2007年11月

　　　　　　　　　　　　　　　　　　　　　　　　　　　　著　者

主な記号一覧

※1　（　）内の数字は，その記号が最初に導入されたページを示す．
※2　文脈から考えて混乱することがない限り，同じ記号でも異なった意味で使用する．
※3　本書では，アルファベットの立体活字とイタリック体活字とは，全く異なった文字とみなしている．

高階論理関係

λ-h.o.l.	関数型古典高階論理　(14)
λ-h.o.l.$^+$, λ-h.o.l.$^{++}$	λ-h.o.l.の拡張　(44, 46)
IL	内包論理　(51)
NL	自然言語　(33)
λ	関数抽象子　(13)
$=_{a<at>}$	等号　(16)
$x_a, y_a, z_a, \cdots$	α タイプの変項　(16)
$C_a, D_a, E_a, \cdots$	α タイプの項　(23)
T	真　(19)
F	偽　(19)
$\neg_{tt}$	否定　(20)
$\wedge_{t<tt>}$	連言　(20)
$\supset_{t<tt>}$	条件法　(20)
$\vee_{t<tt>}$	選言　(20)
$\forall$	全称記号　(21)
$\exists$	存在記号　(21)
$\exists_1$	一意的存在　(45)
$\imath$	記述子　(44)
$\iota_{<at>a}$	$=_{a<at>}$の逆　(44)
0_n	ゼロ　(46)
s_{nn}	後者関数　(46)
ω_{nt}	自然数集合　(47)

$R_{<n<nn>><n<nn>>}$	帰納作用子	(49)
$+_{n<nn>}$	加法	(50)
$\times_{n<nn>}$	乗法	(50)
A.	λ-h.o.l. の公理	(22)
R.	λ-h.o.l. の推論規則	(23)
[:=]	代入	(23)
$\vdash$	定理	(24)
Γ	t タイプの項の列	(24)
$\Gamma \vdash$	Γ からの演繹	(24)
T.	λ-h.o.l. の定理	(25)
T^+, T^{++}	λ-h.o.l. の拡張の定理	(45, 49)

圏，トポス関係

$\mathbb{B}$, $\mathbb{C}$, ⋯	圏	(56)
$\mathbb{C}^{op}$	$\mathbb{C}$ の双対圏	(64)
$\mathbb{E}$	トポス	(82)
Set	集合の圏	(57)
Grp	群の圏	(57)
Top	位相空間の圏	(57)
Po	半順序圏	(58)
Bn(I)	I 上バンドルの圏	(113)
Top(I)	空間性トポス	(174)
$\mathbb{C}^{\mathbb{B}}$	$\mathbb{B}$ から $\mathbb{C}$ への関手圏	(122)
Set$^{\mathbb{C}}$	$\mathbb{C}$ から Set への関手圏	(107)
CCC	デカルト閉圏	(82)
Sub(A)	部分対象の圏	(80)
A, B, C, ⋯	対象	(56)
f, g, h, ⋯	矢	(56)
dom$f$	f の始域	(56)
cod$f$	f の終域	(56)
$A \times B$	積	(65)
p.b.	pullback	(69)
B^A	巾	(77)
1	終対象	(62)

主な記号一覧

記号	意味	頁
0	始対象	(63)
Ω	subobject classifier	(79)
$A \perp\!\!\!\perp B$	直和	(74)
p.o.	pushout	(75)
$\longrightarrow$	矢	(56)
$\rightarrowtail$	mono	(58)
$\twoheadrightarrow$	epi	(59)
$\cong$	同型（対象間の）	(61)
id_B	同一矢	(57)
$\rightsquigarrow$	部分矢	(61)
$!_A$	$A \to 1$ なる矢	(62)
0_A	$0 \to A$ なる矢	(63)
ev	値づけ	(77)
$\hat{g}$	g の transpose	(77)
$\ulcorner\ \urcorner$	transpose	(89)
χ_f	f の character	(79)
Δ_A	対角矢	(84)
δ_A	Δ_A の character	(84)
$\top$	真なる矢	(79)
$\bot$	偽なる矢	(91)
$\neg$	否定の矢	(91)
$\wedge$	連言の矢	(91)
s	section	(112)
(f,g)	部分矢	(61)
$\langle f,g \rangle$	積に伴う矢	(65)
$f \times g$	矢の積	(76)
ζ	ゼロ矢	(98)
σ	後者矢	(98)
$\{\cdot\}$	シングルトン	(148)
η_B	partial arrow classifier	(155)
NNO	自然数対象存在命題	(98)
im$f$	f の image からの矢	(150)
$f(A)$	f の image	(150)
$\simeq_i$	i の周囲での局所的同一	(176)
$[U]_i$	i における U 上のジャーム	(176)

記号	意味	頁
A_i	i 上のストーク	(111)
Ω_i	i 上のストーク	(176)
$\langle A, f \rangle$	I 上バンドル	(113)
$\hat{f}$	ストーク・スペース	(176)
Id_C	同一関手	(120)
P	巾集合関手	(120)
$\cong$	同型（圏間の）	(121)
τ	自然変換	(121)
$\mathrm{E} \models$	E のもとで真	(95)
$F, G, \cdots$	関手	(119)
$\dashv$	随伴関係	(123)
f^*	p.b. 関手（f に伴う）	(137)
Σ_f	合成関手（f に伴う）	(137)
Π_f	f^* の右-随伴関手	(139)
$\mathrm{C}(A, B)$	A から B への矢の集合	(78)
$\varprojlim$	リミット	(169)
$\varinjlim$	コリミット	(170)
$\mathrm{C} \downarrow B$	C の B によるスライス	(131)
$f^{-1}, \exists_f, \forall_f$	$\mathrm{Sub}(A)$, $\mathrm{Sub}(B)$ 間の関手	(190)
i_A	$\mathrm{Sub}(A) \to \mathrm{E} \downarrow A$ なる関手	(191)
r_A	$\mathrm{E} \downarrow A \to \mathrm{Sub}(A)$ なる関手	(191)

集合関係他

記号	意味	頁
$A, B, C, \cdots$	集合	(57)
$\{ \mid \}$	集合	(65)
ϕ	空集合	(63)
ω	自然数の集合	(41)
$\subseteq$	部分集合	(183)
$\in$	要素	(58)
$\upharpoonright$	制限	(70)
$\cong$	全単射（集合間の）	(78)
$\bigcup_{i \in I}, \cup$	合併集合	(111, 128)
$\cap$	共通部分	(110)
$A \times B$	積集合	(65)

主な記号一覧

記号	意味	ページ
D^n	直積集合	(189)
$\mathrm{P}(D^n)$	D^n の巾集合	(189)
$f^{-1}(C)$	C の f による逆像	(70)
$\mathbf{O}$	開集合族	(175)
$\bar{A}$	A の閉包	(180)
p	射影	(183)
$p^{-1}, \exists_p, \forall_p$	巾集合間の写像（p に伴う）	(183, 184, 186)
$\leq$	半順序	(66)
$\wedge$	下限（半順序集合上の）	(66)
$\supset$	相対擬補元（半順序集合上の）	(79)
$\mathbf{2}$	二元ブール代数	(116)
$\underset{\mathrm{df}}{\Longleftrightarrow}$	右側による左側の事柄の定義	(18)
$\underset{\mathrm{df}}{\overline{\overline{=}}}$	右側による左側の事柄の定義	(19)
$\Longleftrightarrow$	同値（地の文での）	(79)
$\Rightarrow$	ならば（地の文での）	(25)

索　引

アルファベット

f のイメージ（像）　150
i 上のストーク　176
I 上の層　175
　——の圏　175
I 上バンドル　110
　——の圏　113
i における U のジャーム　176
i の周囲で局所的に同一　176
NL 断片　33
λ-h.o.l.　14, 87, 195
　——の拡張　44
　——の公理　22
　——の公理系　22
　——の推論規則　23
x_a^i に対して自由である　18

ア　行

アイソ（iso）　60, 146
値づけ　77
イコライザー（equalizer）　67, 146
位相空間　175
　——の圏　57
一意的存在　45
意味集合　201
エピ（epi）　59
エピ-モノ（epi-mono）分解定理
　150, 160, 191
エレメンタリー・トポス　82
演繹定理　32

カ　行

外延　52
開核　128
開集合族　175
可換　65
下限　66
加法　48, 100
カリー化　39
関手　119
　——f^*　134
　——Π_f　163
　——Σ_f　134
　——の圏　122
関数型古典高階論理　14
関数適用　11
カント　2
　——的構図　2
機械翻訳　42
擬似ブール代数　181
記述　44
記述子 ７　44
帰納　48
帰納作用子　49
帰納的極限　170
基本記号（λ-h.o.l. の）　16
逆像　70
狭義の数理　3
狭義の論理　3
局所同相　175
巾　77, 117, 142, 196
巾集合関手　120

空間性トポス 175
クリプキ 53
群の圏 57
圏 56
健全性の定理 97
コイコライザー 74
後者関数 47
合成 56
合成関手 137
構文解析 34, 43
コーン 168
ココーン 169
コユニット 126
コリミット 170

サ 行

差集合 202
サブオブジェクト・クラシファイヤー (subobject classifier) 79, 133, 175, 198
始域 56
式（論理式） 17
自然言語 33
自然数対象 97
自然性の条件 195
自然同型 122
自然変換 121
始対象 63
ジャーム 111
射影的極限 170
終域 56
集合の圏 57
終対象 62
終対象 114, 133, 197
自由変項 18
条件法 201
乗法 48, 102
シングルトン 148

随伴関係 123, 128, 185, 187, 192, 197, 201
——の保存定理 172
数学的帰納法 47
ストーク 111
ストーク・スペース 111
ストーク・スペース $\hat{I}$ 176
スライス 131, 195
制限 70
積 65, 115, 133, 196
セクション 112, 141, 165
  局所的な—— 112
  大域的な—— 178
全射 59
前者関数 48, 102
全称汎化 31
全称例化 29
全単射 61
双対 64
相対擬補元 79
双対圏 64
束縛変項 18
存在汎化 32

タ 行

対 $\langle d_1, d_2 \rangle$ は A をみたす 183
対角矢 84
  —— Δ_A の character 84
対象 56
タイプ（λ-h.o.l.の） 15
タイプつき項（λ-h.o.l.の） 17
単射 58
単一集合 62
直和 74
直観主義論理 181
デカルト閉圏 82
転置 (transpose) 77

索　引

同一関手　120
同一矢　57
同型　61, 121
同型関手　121
同相写像　175
特性矢（character）　79
トポス　82
　　——の基本定理　132, 144, 192, 195

ナ　行

内包　51
内包論理　33, 51

ハ　行

パーシャルアロー・クラシファイヤー（partial arrow classifier）の存在定理　155, 163
半順序圏　57
汎通性（または対称性）の条件　194
汎用性の条件　194
左-随伴　123
ファイバー　111
ブーリアン・トポス　87
ブール束の双対空間　203
プッシュアウト　75
部分圏　168
部分対象の圏　189
部分矢　61
普遍数学　199
普遍論理　4

プルバック　69
プルバック関手　137
分配法則　173
ペアノの要請　47, 104
閉包　128
忘却関手　120
翻訳規則　34

マ　行

マックレーン　i
右-随伴　123
右-随伴関手（関手 f^* の）　139
モードゥス・ポーネンス　32
モノ（mono）　58, 146
モンタギュー文法　33

ヤ　行

矢　56
矢の積　76
ユニット　125
要素　63
様相論理　53

ラ　行

ライプニッツ　199
リミット　169
連言　201
ローヴェアー　i
論理記号　19

著者略歴

1939年　東京に生れる
1963年　東京大学文学部哲学科卒業
1967年　東京大学大学院人文科学研究科博士課程退学
現　在　千葉工業大学名誉教授

主要著訳書

『哲学』（共著，1984年，勁草書房）
『記号論理学』（1984年，東京大学出版会）
『記号論理学講義』（2013年，東京大学出版会）
J・A・シャッファー『こころの哲学』（訳，1971年，培風館）
『哲学基本論文集Ⅰ』（共訳，1986年，勁草書房）

圏論による論理学　高階論理とトポス

2007年12月20日　初　版
2022年５月20日　第４刷

［検印廃止］

著　者　清水義夫

発行所　一般財団法人　東京大学出版会
代表者　吉見俊哉
153-0041　東京都目黒区駒場4-5-29
http://www.utp.or.jp/
電話 03-6407-1069　Fax 03-6407-1991
振替 00160-6-59964

印刷・製本　株式会社　平文社

Ⓒ 2007 Yoshio Shimizu
ISBN 978-4-13-012057-9　Printed in Japan

JCOPY〈出版者著作権管理機構　委託出版物〉
本書の無断複写は著作権法上での例外を除き禁じられています。
複写される場合は，そのつど事前に，出版者著作権管理機構（電話 03-5244-5088，FAX 03-5244-5089，e-mail: info@jcopy.or.jp）の許諾を得てください．